뇌 건강을 지키는 식사

마인드 식단

치매 예방을 위한
한국형 마인드 MIND 식단을 소개합니다

우리나라는 세계에서 가장 빠른 속도로 고령화가 진행되고 있습니다. 초고령사회에 접어들면서 치매는 노년기 삶의 질을 떨어뜨리는 가장 큰 건강 문제로 자리 잡았습니다. 치매 환자의 증가는 국가와 개인 모두에게 큰 재정적 부담을 줄 뿐 아니라 가족에게도 심리적·경제적 어려움을 안겨줍니다.

65세 이상 노인의 약 10%가 치매를 겪는 것으로 추정되지만, 아직 치매를 완전히 치료할 수 있는 방법은 없습니다. 현재의 약물은 병의 진행을 늦추는 수준에 머물고 있습니다.

치매는 한 가지 원인이 아니라 여러 요인이 오랜 기간 영향을 미쳐 발생합니다. 나이나 유전처럼 우리가 바꿀 수 없는 요인도 있지만, 혈압·혈당·혈중 지질 등 체내 대사와 심혈관 건강, 식습관·운동·흡연·음주·수면 등의 생활 습관 요인은 충분히 개선할 수 있습니다. 우울감, 만성 스트레스, 사회적 고립과 같은 정신적 요인도 인지기능 저하와 밀접하게 연결되어 있어 꾸준한 관심과 관리가 필요합니다.

희망적인 점은 치매와 같은 만성질환이 갑자기 나타나는 것이 아니라, 오랜 시간에 걸쳐 서서히 진행된다는 것입니다. 생활을 바꾸면 위험을 줄일 충분한 시간이 우리에게 남아 있다는 뜻입니다.

　이 책은 다양한 생활습관 중에서 특히 '식사'에 초점을 맞추었습니다. 식품이 뇌 건강에 어떤 역할을 하는지 간단하게 소개하고, 치매 예방식으로 널리 알려진 마인드 식단을 일상에서 실천하는 방법을 설명합니다. 한국인의 식탁에서 익숙하게 사용하는 재료들로 '한국형 마인드 식단'을 구성하여, 누구나 부담 없이 따라 할 수 있도록 했습니다.

　마인드 식단은 뇌에 도움이 되는 식품은 자주 먹고, 줄여야 하는 식품은 의식적으로 적게 먹는 원리를 바탕으로, 일상 식사에서 자연스럽게 실천할 수 있는 식단입니다.

　식품영양 분야를 오랫동안 연구해온 저자들은 그동안 축적해온 지식을 보다 쉽게 전달하고자 이 책을 만들었습니다. 많은 분들이 이 책을 계기로 인지기능 저하를 예방하는 식습관을 생활 속에서 자연스럽게 실천하시길 바랍니다. 건강한 식사가 하루의 작은 변화를 일으키고, 그 변화가 오래 이어지기를 소망합니다.

2025년 12월

성미경 · 오상석 · 박미영 · 성동은

마인드 레시피 100% 활용법

통곡물	잎채소	채소	견과·씨앗	콩류	베리류	가금류	생선	올리브유
	✔	✔	✔	✔			✓	

- 9가지 마인드 재료 중 어떤 재료들을 사용했는지 한눈에 볼 수 있어요.
- 마인드 재료는 아니지만 같은 효과를 내는 재료일 경우 '대체 함유'라고 표기했어요.

* 깻잎 믹스 빈 샐러드에는 생선이 들어가지 않지만 생선에서 얻을 수 있는 마인드 성분인 오메가-3 지방산이 풍부하게 들어 있어요.

재료 (1인분)

통곡물	통밀식빵 2장
채소	토마토 30g
	아보카도 1/8개 (20g)
	오이 20g
잎채소	치커리 20g
견과 · 씨앗	다진 호두 5g

병아리콩 스프레드

콩류 — 병아리콩 20g
플레인 요거트 1큰술
레몬즙 1작은술
후춧가루 조금

만들기

1. 병아리콩은 충분히 불린 후 냄비에 물을 넉넉히 붓고 40~50분간 부드럽게 삶아 한 김 식혀서 으깬다.
   포크나 숟가락으로 으깨면 편리하다.
2. 으깬 병아리콩에 요거트, 레몬즙, 후춧가루를 섞어 스프레드를 만든다.
3. 토마토는 0.5cm 정도의 두께로 썰고, 아보카도는 반 갈라 씨를 제거한 다음 얇게 썬다.
4. 오이는 반 갈라 치커리는 물에 깨끗이 씻은 뒤 물기를 뺀다. 호두는 먹기 좋게 다진다.
5. 식빵 한 장에 병아리콩 스프레드를 두껍게 바르고 아보카도, 채소, 다진 호두를 올린 다음 다른 한 장의 식빵으로 덮는다.
   다진 호두는 스프레드에 섞어도 좋다.

마인드 식단이란?

마인드 식단은 지중해식 식단과 DASH 식단의 장점을 결합해 뇌 건강에 도움이 되는 식품을 중심으로 구성된 식사법입니다.

신경세포를 보호하고 인지기능 유지를 목표로 하며, 특히 혈관을 안정적으로 관리해 뇌 기능을 지키는 데 강점이 있습니다. 실천하기 어렵지 않아 일상 식습관에 자연스럽게 적용할 수 있다는 장점이 있습니다.

지중해식 식단

지중해 연안 지역의 전통 식습관을 기반으로 한 식사법. 채소·통곡물·견과류·올리브유 등 식물성 식품을 중심으로 한 식사에 생선과 가금류를 더해 균형을 맞춥니다. 심혈관·대사 질환 위험을 낮추는 효과가 있는 것으로 알려져 있어요.

DASH(Dietary Approaches to Stop Hypertension) 식단

혈압 관리와 혈관 건강에 초점을 둔 식사법. 채소, 과일, 저지방 단백질, 유제품 섭취를 권장하며, 소금과 포화지방산 제한이 핵심 원칙입니다.

마인드 식단을 구성하는 9가지 재료

통곡물 | 현미, 보리, 흑미, 귀리, 율무, 조, 통밀 등

매일 끼니마다 잡곡밥, 통밀빵, 통곡물 시리얼 등 다양한 형태로 드세요.

잎채소 | 시금치, 근대, 깻잎, 상추, 부추, 쑥갓, 머위잎, 취나물, 열무, 케일 등

하루 한 번은 꼭 드세요.

기타 채소 | 당근, 가지, 양파, 버섯, 연근, 우엉, 오이, 무, 호박, 고추, 고사리 등

주 6회 드세요.

견과류 및 씨앗류 | 호두, 잣, 아몬드, 캐슈넛, 땅콩, 들깨, 해바라기씨, 호박씨 등

주 5회 드세요.

콩류 | 대두, 서리태, 쥐눈이콩, 팥, 녹두, 완두콩 등

주 3회 드세요.

베리류 | 블루베리, 딸기, 라스베리, 크랜베리, 산딸기, 복분자, 오디 등

주 2회 드세요.

가금류 | 닭고기, 오리고기, 칠면조, 꿩 등

주 2회 드세요.

생선 | 연어, 고등어, 꽁치, 참치, 삼치, 명태, 가자미, 갈치, 굴비 등

주 1회 드세요.

올리브유 | 엑스트라 버진 올리브유

매일 요리에 활용하세요.

Contents

1장
치매를 이해하는 첫걸음

2장
치매 예방의 열쇠, 음식

MIND

1장 — 치매를 이해하는 첫걸음

치매는 많은 사람들이 노년기에 가장 두려워하는 질환 중 하나입니다. 아직까지 뚜렷한 치료 약이 없다는 점이 불안감을 키우는 이유이기도 합니다.

그렇다면 치매는 왜 발생하며, 어떻게 하면 발병 시기를 늦출 수 있을까요? 치매가 나 자신이나 가족에게 닥쳤을 때 무엇을 준비해야 할까요? 치매에 대해 올바른 지식을 가지고 대비한다면 건강한 노년을 준비할 수 있을 것입니다.

치매로부터 나를 지키며 건강하게 나이 들기

의료 기술이 발달하고 먹을 것이 풍족해지면서 사람들의 평균 수명이 크게 늘어났습니다. 덕분에 '100세 시대'라는 말도 이제 낯설지 않습니다. 그러나 오래 사는 것만큼 중요한 것이 바로 건강하게 오래 사는 것입니다.

나이가 들수록 기억력, 판단력, 집중력과 같은 인지기능이 신체 건강 못지않게 중요한 역할을 합니다. 예를 들어 어제 저녁에 먹은 반찬이 떠오르지 않거나, 자주 가던 시장길에서 방향을 잃는 경험이 반복되면 괜히 마음이 불안해집니다. 이런 작은 변화가 계속되면 혹시 나도 치매가 아닐까 걱정됩니다.

치매는 단순한 노화가 아니다

치매는 기억력, 판단력, 언어 능력처럼 일상에 필요한 인지기능이 점차 저하되는 질병입니다. 단순한 건망증과 달리, 치매는 이러한 기능 저하가 꾸준히 진행되면서 일상생활 자체를 어렵게 만드는 것이 특징입니다. 가장 흔한 형태는 알츠하이머병으로, 뇌 속 특정 단백질이 비정상적으로 축적되어 신경세포가 손상되는 과정이 서서히 일어납니다. 뇌혈관이 좁아지거나 손상되면서 발생하는 혈관성 치매도 대표적인 유형입니다.

초기에는 최근 대화나 약속을 기억하지 못하거나 익숙한 길에서 방향을 잃는 증상이 나타납니다. 시간이 지나면 계획 능력과 판단력이 떨어지고, 감정 표현이나 성격 변화가 일어나기도 합니다. 증상이 더 진행되면 혼자서 일상생활을 유지하기 어려워집니다.

이처럼 치매는 단순한 노화 현상과 다르며, 발병과 진행의 흐름을 가진 질병입니다. 무엇보다 안타까운 점은 아직까지 치료 약이 뚜렷하지 않다는 것입니다. 지금으로서는 치매가 생기는 시기를 최대한 늦추는 것이 가장 현실적인 방법입니다.

　요즘은 '치매를 막으면서 건강하게 나이 들기'가 중요한 화두가 되고 있습니다. 단순히 오래 사는 것보다 나답게 살아가는 시간을 길게 유지하는 것, 이것이 건강한 노년의 핵심입니다. 희망적인 것은 치매는 충분히 예방할 수 있고 늦출 수 있는 병이라는 사실입니다. 규칙적인 운동, 균형 잡힌 식사, 꾸준한 뇌 활동 같은 생활 습관만 잘 지켜도 뇌의 노화 속도를 늦출 수 있습니다. 지금의 생활 방식이 미래의 뇌 건강을 결정짓습니다.

오늘의 습관이 내일의 뇌 건강을 결정한다

치매 환자는 전 세계적으로 빠르게 늘고 있습니다. 통계에 따르면, 약 3초마다 한 명꼴로 새로운 환자가 발생하는 것으로 알려져 있습니다. 특히 고령화 속도가 빠른 한국에서는 65세 이상 인구 가운데 10명 중 1명 이상이 치매를 겪는 것으로 추정됩니다. 앞으로 환자 수는 계속 증가할 것으로 보입니다.

　여성의 기대수명이 남성보다 길고 치매 발생률이 남성보다 더 높다는 점도 전체 환자 수 증가에 영향을 미칩니다. 고혈압, 당뇨병, 고지혈증과 같은 만성질환 역시 치매 위험을 높이는 주요 요인입니다. 이러한 질환이 증가하면서 치매는 개인이 아니라 사회 전체가 함께 대비해야 할 문제로 자리 잡고 있습니다.

　문제는 치매의 초기 증상을 단순한 노화로 여기고 지나치는 경우가 많다는 점입니다. '나이가 들면 그럴 수 있지'라는 생각 때문에 치매의 초기 신호를 놓치기 쉽습니다. 초기 증상을 놓치면 진단 시기가 늦어지고, 일상 기능의 저하가 빠르게 진행될 수 있습니다. 가능한 한 빨리 알아차리고 대응하는 것이 무엇보다 중요합니다.

　치매는 단순히 개인의 건강 문제에 그치지 않습니다. 한 사람이 치매를 앓게 되면 가족의 삶 전체가 영향을 받습니다. 부모를 돌보는 과정에서 자녀 세대가 겪는 정서적·경제적 부담도 점차 커지고 있습니다.

　이제 치매를 '피할 수 없는 노화의 일부'로 받아들이기보다는 '예방하고 늦출 수 있는 질병'으로 바라보는 인식의 변화가 필요합니다. 국가적 지원도 중요하지만, 그 출발점은 우리의 일상입니다. 식습관, 운동, 수면과 같은 작은 생활 습관을 돌보는 일이 치매 예방의 시작입니다. 지금부터라도 나와 가족을 위해 천천히 준비해보는 것이 좋겠습니다.

치매는 서로 다른 방식으로 나타난다

치매는 하나의 병명이 아닙니다. 기억력, 판단력, 언어 능력처럼 일상에 필요한 인지기능이 떨어진 상태를 통틀어 이르는 말입니다.

인지 저하를 일으키는 원인에 따라 치매의 유형도 달라집니다. 대표적으로 알츠하이머 치매, 혈관성 치매, 루이소체 치매, 전두측두엽 치매가 있습니다. 겉으로는 모두 치매처럼 보이지만, 뇌에서 어떤 변화가 일어났는지에 따라 증상과 진행 방식은 서로 다릅니다.

알츠하이머 치매

가장 흔한 형태의 치매로, 기억력 저하가 서서히 시작되는 것이 특징입니다. 처음에는 최근에 있었던 일·약속·사람 이름을 자주 잊어버리며, 시간이 지나면 시간·장소·사람을 구분하는 능력까지 흐려집니다. 특히 최근 기억을 담당하는 뇌 영역부터 손상이 시작되기 때문에, 과거 경험은 비교적 잘 떠올리면서도 방금 한 일이나 약속을 기억하지 못하는 상황이 반복됩니다. 예를 들어, 잠깐 동안에도 "나 밥 먹었어?"와 같은 질문을 여러 번 반복하는 모습은 알츠하이머 치매에서 흔히 관찰되는 초기 신호입니다. 이러한 변화는 아밀로이드 베타 단백질과 타우 단백질이 뇌에 비정상적으로 축적되며 신경세포가 점차 손상되는 과정에서 비롯됩니다.

혈관성 치매

혈관성 치매는 뇌졸중이나 뇌혈관 손상으로 생기는 치매입니다. 기억력보다 말이 어눌해지거나 걸음이 느려지는 등 신체 기능에서 먼저 변화가 드러나는 경우가 많습니다. 알츠하이머처럼 서서히 진행되기보다는 어떤 날을 기점으로 갑자기 나빠지거나, 한동안 괜찮다가 다시 악화되는 식으로 변하기도 합니다. 예를 들어 평소 잘 하던 말을 한 번에 하지 못하거나, 손이 자주 미끄러져 젓가락이나 숟가락을 떨어뜨리는 모습이 나타날 수 있습니다. 이러한 변화는 뇌졸중, 뇌경색, 뇌출혈 등으로 뇌에 혈류가 줄어 특정 부위가 손상되면서 발생합니다.

루이소체 치매

루이소체 치매는 뇌 안에 비정상적인 단백질이 쌓이면서 생기는 치매입니다. 알파시누클레인 단백질이 대뇌피질과 뇌간에 축적되어 신경전달을 방해하기 때문에 실제로 존재하지 않는 사람이나 동물이 보이는 환시가 나타나고, 손이 떨리거나 걸음이 느려지는 등 움직임이 둔해지는 경우가 많습니다. 꿈속 행동을 실제로 따라 하며 크게 움직이거나 잠꼬대를 하는 모습이 나타나기도 하고, 하루 사이에 상태가 좋았다가 갑자기 말과 행동이 느려지는 식으로 변화가 오르내리기도 합니다.

전두측두엽 치매

전두측두엽 치매는 뇌의 앞부분(전두엽)이나 옆부분(측두엽)이 서서히 위축되면서 생기는 치매입니다. 기억력보다 성격, 행동, 언어가 먼저 달라지는 경우가 많아 주변에서 변화를 가장 먼저 느끼게 됩니다. 말수가 줄거나 이유 없이 공격적으로 반응하고, 남의 물건을 집어 오거나 평소 하지 않던 행동을 보이기도 합니다. 과묵하던 사람이 갑자기 욕설을 하거나, 감정 조절이 어려워지는 모습이 대표적입니다. 다른 치매보다 50~60대처럼 비교적 젊은 나이에 시작되는 경우가 많고, 초기에는 기억력이 유지된 듯 보여 진단이 늦어질 수 있습니다.

---

check it !   **치매 관련 정보를 얻을 수 있는 곳**

치매에 대해 궁금한 점이 있거나 예방·진단·돌봄 지침을 알고 싶다면, 아래 기관의 자료를 참고하세요. 치매 관련 정보는 공신력 있는 곳에서 확인하는 것이 가장 안전합니다.

> **중앙치매센터** : 치매 예방·진단·관리 정보를 종합적으로 제공
> **치매안심센터(시·군·구)** : 초기 검사, 상담, 돌봄 연계 등 지역 기반의 실질적 지원
> **국가건강정보포털** : 치매 증상·예방·치료 등 근거 기반 건강 정보
> **대한치매학회** : 전문가 관점의 최신 치매 지식과 임상 안내
> **국민건강보험공단 장기요양보험** : 치매 환자·가족을 위한 지원 제도 및 돌봄 서비스

치매 위험 요인과 예방을 위한 실천 전략

치매는 노화와 함께 뇌에 불필요한 단백질이 쌓이거나, 뇌혈관이 좁아지고 막히면서 시작됩니다. 드물게는 가족성 알츠하이머병처럼 특정 유전자 이상이 직접적인 원인이 되기도 하지만, 대부분은 이런 유전적 요인만으로 설명되지 않습니다. 말하자면 치매는 어느 날 갑자기 발생하는 사건이 아니라 오랜 시간에 걸쳐 작은 손상이 반복되며 누적되는 결과에 가깝습니다.

노화처럼 우리가 통제하기 어려운 요소와 달리 치매의 발병 속도와 진행에 영향을 주는 생활 요인들은 분명 존재합니다. 중년 이후의 비만·고혈압·당뇨병·흡연이 대표적인 위험 요인이고, 우울증·수면 장애·고지혈증도 관련이 있습니다. 반면 균형 잡힌 식사, 규칙적인 운동, 인지적 자극, 알코올 절제, 사회적 활동은 뇌를 보호하고 기능 저하를 늦추는 데 도움을 줍니다.

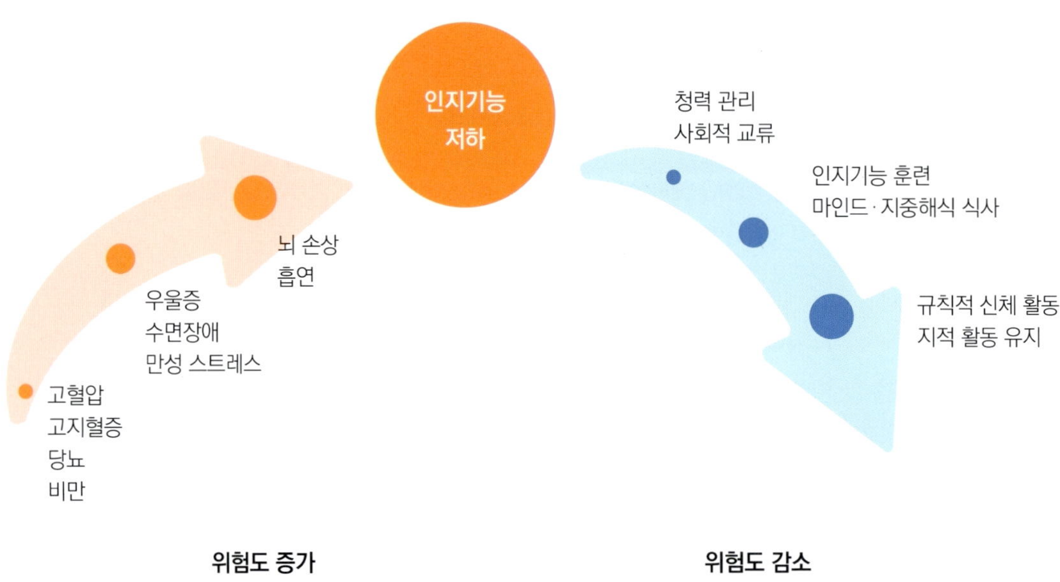

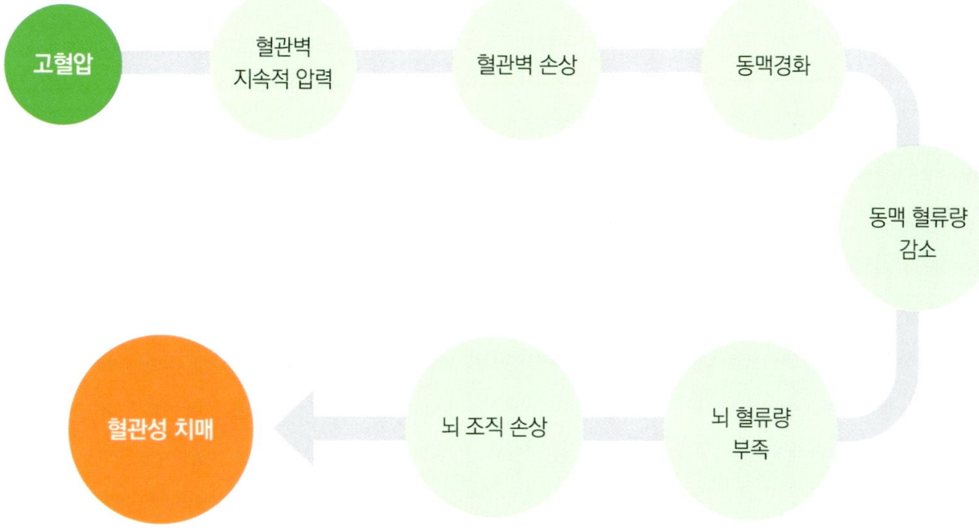

고혈압

혈압이 높은 상태가 오래 지속되면 혈관벽에 과한 압력이 반복적으로 가해져 작은 손상이 누적됩니다. 손상된 혈관벽에는 지방과 염증 물질이 달라붙어 혈관 안쪽이 점점 좁아지고, 혈류는 약해집니다. 그 결과 뇌세포로 전달되는 산소와 영양이 줄어 기능이 떨어지며, 일부 세포는 결국 소멸합니다.

뇌는 미세혈관의 네트워크에 의존해 활동하기 때문에 혈압 변화에 특히 취약합니다. 당장 증상으로 나타나지 않지만, 시간이 길어질수록 손상이 쌓여 뇌 기능을 약하게 만듭니다. 40~50대에 혈압을 제대로 관리하지 않으면 노년기에 치매 위험이 커진다는 보고도 있습니다.

실천 전략

고혈압은 조기에 관리해야 합니다. 수축기 혈압을 120mmHg 이하로 유지하세요. 식사 조절과 운동, 체중 관리로 혈압을 낮출 수 있으며, 필요하다면 약물 치료도 고려해야 합니다. 통곡물, 지방 함량이 적은 육류와 유제품, 채소, 과일, 견과류의 섭취는 늘리고 나트륨과 포화지방산이 많은 육류와 가공식품의 섭취는 줄이는 것이 좋습니다. 또한 건강 체중을 유지하기 위해서는 식사 조절과 함께 규칙적인 유산소 운동이 필요하며, 금주와 금연 습관도 중요합니다.

당뇨병

당뇨병은 알츠하이머병과 혈관성 치매 모두의 위험을 높이는 대표적인 질환입니다. 혈당이 높아진 상태가 오래 지속되면 '최종당화산물(AGEs)'이 쌓여 염증과 산화 스트레스를 일으키고, 이는 뇌세포 기능을 약하게 만듭니다. 동시에 혈관벽도 손상되어 혈류가 줄어들어 혈관성 치매의 위험이 커집니다.

몸이 인슐린에 잘 반응하지 않는 '인슐린 저항성'이 생기면 혈당이 쉽게 내려가지 않아 조절이 어려워지고, 결국 뇌세포에 에너지가 원활히 공급되지 않아 뇌 기능이 점차 떨어질 수 있습니다. 혈당 농도가 높은 상태가 오래 지속되면 아밀로이드 베타 단백질도 더 많이 축적되어 알츠하이머 치매 위험도 증가합니다.

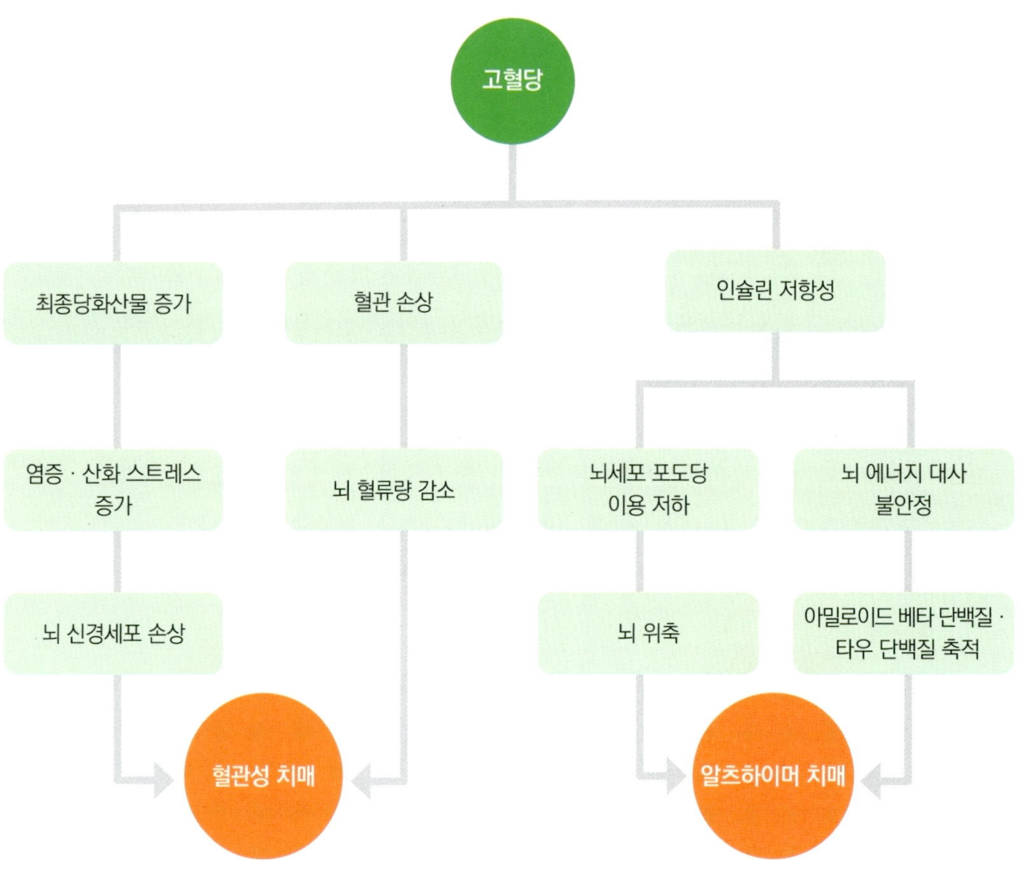

평상시 공복 혈당을 100mg/dL 이하로 유지하는 것이 중요합니다. 이를 위해서는 무엇보다 건강하고 균형 잡힌 식사와 규칙적인 운동을 통해 건강 체중을 유지해야 합니다. 특히 채소, 통곡물, 콩류처럼 혈당 상승을 완만하게 하는 식품 중심으로 식단을 구성하고, 정제된 탄수화물은 줄이며 지방 함량이 적은 육류와 유제품을 선택하는 것이 좋습니다. 또한 유산소 운동과 근력 운동을 꾸준히 실천하면 혈당 조절에 도움이 됩니다. 장시간 앉아 있는 경우 중간중간 일어나 가볍게 움직이는 것만으로도 혈당 관리에 긍정적인 효과가 있습니다.

비만

중년기 비만은 노년기의 치매 발생 위험을 증가시킵니다. 복부비만은 인슐린 저항성을 유도하고 이것이 혈당 상승으로 이어지면서 치매 위험을 높이게 됩니다. 또한 비만은 아밀로이드 베타 단백질 축적과 신경세포 손상을 촉진하는 만성 염증 환경을 강화해 알츠하이머 치매 위험을 증가시키기도 합니다. 최근 연구에 따르면 내장지방이 많은 남성의 경우 특히 뇌 백질 손상이 정도가 심해 치매 위험이 증가할 수 있다고 합니다.

비만을 예방하고 관리하기 위해서는 무엇보다도 에너지 섭취와 소비의 균형을 유지하는 것이 중요합니다. 특히 채소, 통곡물, 콩류, 견과류, 지방이 적은 단백질 식품 등으로 식사를 구성하고, 정제된 탄수화물, 지방, 특히 포화지방산의 함량이 높은 식품과 단 음식의 섭취를 줄이면 섭취 열량을 줄임과 동시에 혈압, 혈당, 혈 중 콜레스테롤 수치를 개선할 수 있습니다. 숨이 조금 찰 정도의 유산소 운동을 주 3~4회 하고, 허리둘레와 체질량지수(BMI), 체성분을 정기적으로 점검해 체중 변화에 민감하게 대응하는 것도 필요합니다.

장내 미생물 불균형

최근 연구에서는 장내 미생물, 즉 장에 사는 세균들이 뇌 건강과 밀접하게 연결된다는 사실이 확인되고 있습니다. 장과 뇌는 신경·호르몬·면역 체계를 통해 서로 신호를 주고받는데, 이를 장-뇌 축(gut-brain axis)이라고 부릅니다. 장 건강을 돌보는 일이 뇌 건강을 지키는 일과도 연결되는 셈입니다.

연구에 따르면 치매 환자는 장내 유익한 미생물이 적고 염증을 일으키는 미생물이 많은 것으로 나타났습니다. 장내 환경이 불안정하면 염증 반응이 강화되고, 이 과정이 뇌에도 영향을 주어 인지기능 저하를 앞당길 수 있습니다. 이는 식생활이 장내 환경과 뇌 기능에 얼마나 큰 영향을 미치는지 보여줍니다. 따라서 장내 환경을 건강하게 유지하기 위해서는 식이섬유, 건강한 지방, 다양한 채소를 꾸준히 섭취하는 것이 도움이 됩니다.

> **실천 전략**
>
> 채소, 과일, 통곡물, 콩류처럼 식이섬유가 풍부한 식품을 매일 충분히 섭취해 장 내에 유익한 미생물이 자랄 수 있는 환경을 만드는 것이 좋습니다. 김치, 청국장, 요거트 등 발효식품에는 장 환경에 도움을 주는 미생물이 함유되어 있는 반면, 초가공식품은 장내 미생물의 불균형을 무너뜨려 염증성 물질 생성을 늘릴 수 있습니다. 규칙적인 운동과 충분한 수면도 장내 미생물 다양성을 높여 장과 뇌의 연결을 안정적으로 유지하는 데 도움을 줍니다.
>
> 프로바이오틱스는 장에서 유익하게 작용하는 살아 있는 미생물을 말하며, 프리바이오틱스는 이러한 미생물이 잘 증식하고 활성화되도록 돕는 영양 성분(예: 식이섬유, 올리고당)을 의미합니다. 두 요소를 충분히 섭취하면 장내 미생물의 다양성과 유익한 미생물의 비율이 증가해 장 환경이 개선되고 염증 반응이 줄어듭니다. 이러한 변화는 뇌 건강에도 긍정적으로 작용해 치매 발생 위험을 낮출 수 있습니다.

우울증과 사회적 고립

우울증은 치매 초기 증상으로 나타날 수 있지만, 그 자체로 치매 위험을 높이는 요인이기도 합니다. 중년 이후 우울 증상이 지속되면 기억과 학습을 담당하는 해마 기능이 약해지고 인지기능 저하가 빨라질 수 있습니다.

정서적 교류와 안정감은 뇌 활동을 유지하는 데 매우 중요합니다. 사람들과의 대화, 감정 교류 등의 사회적 연결은 뇌에 지속적인 자극을 주어 인지기능에 긍정적인 영향을 미칩니다. 반대로 혼자 지내며 정서적으로 고립되면 인지 자극이 줄어들어 치매 위험이 높아질 수 있습니다.

> **실천 전략**
>
> 우울감이 2~3주 이상 지속되거나 일상 활동에 대한 흥미가 줄어드는 변화가 나타난다면, 스스로 괜찮아지기를 기다리기보다 전문 상담이나 치료를 받는 것이 중요합니다. 규칙적인 수면과 가벼운 운동, 햇빛 노출, 가족·지인과의 소통처럼 기분을 회복시키는 생활습관을 지속하세요.

수면은 뇌가 하루 동안 쌓인 노폐물을 정리하는 시간입니다. 깊은 수면 단계에서는 아밀로이드 베타 단백질과 같은 비정상적인 단백질을 제거하는 과정이 활성화되는데, 수면이 부족하거나 자주 깨면 이 기능이 충분히 작동하지 못합니다. 특히 수면 무호흡증이나 만성 불면증이 있는 경우에는 아밀로이드 베타 단백질 축적이 증가해 알츠하이머병 위험이 높아질 수 있습니다.

실천 전략

하루 6~8시간 충분히 자고, 취침 전 스마트 기기를 멀리하는 등 자신에게 맞는 수면 루틴을 지키면 더 깊고 회복이 잘 되는 잠을 잘 수 있습니다. 또한 정제된 탄수화물과 당류 섭취를 줄이고 식이섬유가 풍부한 음식을 충분히 섭취하면, 밤 사이 혈당이 안정되어 수면의 질을 높이는 데 도움이 됩니다.

청력 저하

최근 연구에서는 청력 저하가 치매 위험을 높인다는 결과가 보고되었습니다. 귀가 어두워지면 대화에 참여하는 일이 줄어들고 사회적 교류가 감소합니다. 또한 뇌는 소리를 인식하고 해석하는 데 더 많은 에너지를 사용하게 되어 다른 인지기능에 쓰일 여유가 줄어드는 악순환이 생길 수 있습니다. 경도의 청력 손실만 있어도 치매 위험이 두 배 가까이 증가했다는 연구 결과도 보고된 바 있습니다.

실천 전략

일상에서 말소리가 또렷하지 않게 들리거나 TV 볼륨이 점점 커지는 등 작은 변화가 느껴진다면 전문의 상담을 받아 조기에 개입하는 것이 좋습니다. 필요하다면 보청기를 사용하세요. 또한 장시간 이어폰 사용이나 큰 소음에 노출되는 환경을 줄여 청력을 보호하고, 사람들과 적극적으로 대화하고 활동하는 습관을 유지하세요.

외상성 뇌 손상

머리에 큰 충격을 받으면 신경세포가 다칠 뿐 아니라, 시간이 지나며 아밀로이드 베타 단백질과 타우 단백질이 뇌에 비정상적으로 쌓여 뇌 건강에 영향을 줄 수 있습니다. 특히 의식을 잃거나 뇌진탕을 동반한 외상을 경험한 경우에는 시간이 지난 뒤 치매 위험이 증가하는 것으로 보고됩니다. 반복적인 경미한 충격도 영향을 줄 수 있어 복싱이나 미식축구처럼 머리 충격이 잦은 운동 선수들에게서도 위험이 높게 나타납니다.

실천 전략

넘어지거나 부딪혀 머리를 다치는 사고는 뇌 손상으로 이어질 수 있으므로, 생활 공간을 안전하게 정비하는 것이 중요합니다. 미끄럼 방지 매트를 깔고 필요한 곳에 손잡이나 난간을 설치하며, 조명을 밝게 유지하는 것과 같은 작은 안전 장치들이 뇌를 보호하는 예방책이 됩니다. 넘어지기 쉬운 활동을 하는 경우에는 반드시 헬멧을 착용하여 머리를 다치는 사고를 막는 일도 중요합니다.

교육 수준과 지적 자극

교육 수준은 치매와 관련된 '인지 예비력(cognitive reserve)'을 형성하는 중요한 요인입니다. 인지 예비력은 나이가 들어 뇌 기능이 감소하더라도 기존의 경험과 지식을 활용해 기능 저하를 보완하는 뇌의 능력을 말합니다. 독서, 퍼즐, 악기 연주, 새로운 언어 학습처럼 지속적으로 뇌를 자극하는 활동은 이 예비력을 높이는 데 도움이 됩니다. 비슷한 수준의 뇌 손상이 있어도 인지 예비력이 높은 사람은 뇌의 기능 저하 증상이 더 늦게 나타날 수 있습니다.

실천 전략

독서, 글쓰기, 악기 연주, 라디오 듣기, 컴퓨터 활용, 공예 등 흥미 있는 활동을 꾸준히 하면 뇌 활동이 자극되어 기억력과 사고력을 유지하는 데 도움이 됩니다. 봉사활동이나 소모임 참여, 평생교육 같은 사회적 활동도 인지기능을 활성화하고 치매 위험을 낮추는 것으로 알려져 있습니다. 이런 취미와 교류 활동을 일상 속 습관으로 만들어두면 보다 즐겁게 뇌 건강을 지킬 수 있습니다.

 치매 위험 요인과 생활 관리 방법

위험 요인	위험 증가 메커니즘	예방·관리 전략
고혈압	뇌혈류 감소 → 혈관성 치매 위험 증가	정기적 혈압 측정, 저염 식단, 운동, 필요시 약물 치료
당뇨병	고혈당 → 혈관 손상, 대사 이상	혈당 조절, 균형 식단, 체중 관리
비만	인슐린 저항성 → 혈당 상승, 만성 염증	섭취 열량 조절, 유산소 운동, 정기적 체성분 검사
장내 미생물 불균형	염증 증가, 신경계 교란	식이섬유·발효식품 중심의 건강한 식단
우울증·고립	해마 위축, 뇌 자극 부족	대화·사회적 교류 유지, 필요시 상담·치료
수면 장애	뇌 노폐물 제거 기능 저하	수면 위생 개선, 수면무호흡 치료
청력 저하	소통 부족, 뇌 부담 증가	보청기 착용, 정기적 청력 검사
외상성 뇌 손상	신경세포 손상, 타우 단백질 축적 가능성	머리 보호, 충격이 잦은 운동 주의
낮은 교육 수준과 지적 자극 감소	인지 예비력 감소	독서·학습·취미 등 지속적인 뇌 활동

치매 진행을 늦추는 일상 속 작은 실천

치매는 진단으로 끝나는 질환이 아닙니다. 오히려 진단은 '관리의 시작'이라고 할 수 있습니다. 완치는 어렵지만 진행을 늦추고 삶의 질을 유지하는 방법은 많은 전문가들에 의해 제안되었습니다.

치매 환자들은 여러 만성질환을 함께 앓거나 심리·행동·인지기능의 변화가 나타나는 등 돌봄 요구가 매우 복합적일 수 있습니다. 환자의 삶의 경험, 가족과 지인 관계, 문화적 배경, 생활환경에 따라 필요한 돌봄의 형태가 달라지기 때문에 개인별 맞춤형 지원이 중요합니다.

세계적 의학 학술지 〈란셋(The Lancet)〉에 실린 최근 보고서는 치매 돌봄의 핵심을 비교적 명확하게 제시합니다. 먼저 고혈압·당뇨병·만성폐쇄성폐질환과 같은 동반 질환을 잘 관리하고, 감염을 예방해 환자의 전반적인 건강을 지켜야 합니다. 무엇보다 안전한 생활환경을 마련해 낙상을 막고, 가능한 한 일상 기능을 유지하도록 돕는 것이 중요합니다. 약물은 꼭 필요한 것만 유지하는 것이 좋습니다. 더불어 환자의 생활 방식과 주변 환경을 조정해 증상을 줄이고, 적절한 신체 활동과 사회적 교류를 유지하며, 균형 잡힌 식사와 충분한 수분을 섭취하는 것도 중요합니다. 여기에 가족 돌봄자를 위한 지원까지 함께 이루어질 때 치매 환자의 삶의 질을 높일 수 있습니다.

약물치료 : 필요한 때 최소한으로 활용하기

약물치료는 기억력 저하나 혼란스러운 행동 같은 증상을 완화하는 데 도움을 줄 수 있습니다. 이들 약물은 콜린에스테라제 억제제와 NMDA 수용체 길항제로 인지기능 저하 속도를 완화하거나 증상을 완화하는 데 일차적으로 사용되고 있습니다. 우울감이 심할 때는 필요한 경우 항우울제를 사용할 수 있으나, 어디까지나 보조적 방법입니다.

행동 중재 : 일상과 환경을 활용한 비약물적 관리

행동 중재는 환자의 일상생활과 환경을 통해 증상을 완화하는 방법입니다. 예를 들어 회상치료는 과거의 추억을 떠올리게 함으로써 증상을 완화하는 치료법인데, 실제로 환자들이 오래된 사진을 보며 가족과 대화를 나누는 것만으로도 표정이 밝아진 사례가 많습니다. 그밖에도 가벼운 집안일, 음악 감상, 그림 그리기, 정원 가꾸기와 같은 활동도 감정을 표현하고 뇌를 자극하는 데 효과적입니다. 기존에 갖고 있던 취미를 단순화해서 지속할 수 있도록 하는 것이 중요합니다.

생활환경 : 익숙하고 안전한 생활환경 만들기

집 안 구조를 단순하게 유지하는 것은 환자의 혼란과 불안감을 감소시켜 줍니다. 소음을 줄이고 낮과 밤의 밝기를 잘 조절하면 뇌에 과도한 자극을 주지 않아 초조함과 불안함을 덜어주고, 수면의 질을 높여 뇌의 기능을 유지하도록 돕습니다. 화장실이나 주방에 큰 글씨와 그림으로 표지판을 붙이는 것처럼 사소한 배려만으로도 혼란을 줄일 수 있습니다. 모든 변화는 한꺼번에 하지 말고 천천히 적용해 환자가 새로운 환경에 적응할 시간을 주는 것이 중요합니다.

신체 활동 : 가벼운 운동으로 뇌와 몸 활성화하기

가벼운 걷기, 스트레칭, 균형 운동 등의 신체 활동은 뇌 혈류를 증가시켜 뇌세포의 기능 유지에 도움을 주게 됩니다. 많은 연구에서 일상적인 신체 활동은 불안·초조·우울감을 줄여주고 공격적인 행동을 감소시킨다고 했습니다. 특히 걷기나 그룹 운동 등은 타인과 상호 작용할 수 있는 기회를 늘려 인지 자극 효과를 높입니다.

보호자 지원 : 환자 가족과 보호자를 위한 지원과 휴식

치매는 단기적인 질병이 아니라 오랜 시간 함께 가야 하는 질환이기 때문에, 돌보는 사람의 건강도 그만큼 중요합니다. 돌보는 사람이 건강해야 환자도 건강하게 지낼 수 있다는 점을 염두에 두고, 모든 일을 완벽하게 해내려 하기보다 할 수 있는 범위 안에서 우선순위를 정해 실천하는 태도가 필요합니다.

식생활 : 뇌 건강을 위한 식생활 관리

최근 특히 주목받고 있는 관리 방법이 바로 식생활 관리입니다. 뇌 건강과 직결되는 영양소들이 밝혀지면서, 건강한 식습관은 단순한 예방을 넘어 치매 진행을 늦추는 데에도 중요한 역할을 역할을 한다는 점이 여러 연구를 통해 확인되고 있습니다. 그렇다면 어떤 음식을 어떻게 먹어야 할까요? 이제부터는 뇌를 건강하게 지키기 위한 식생활 전략에 대해 하나씩 살펴보려 합니다. .

MIND

2장 — 치매 예방의 열쇠, 음식

매일 마주하는 식사는 생각보다 큰 힘을 가지고 있습니다. 어떤 재료를 어떻게 먹는지에 따라 뇌세포가 보호되기도 하고 손상되기도 합니다. 균형 잡힌 식단은 뇌에 필요한 영양을 안정적으로 공급해 인지 저하를 늦추고, 치매의 진행을 완화하는 데 도움이 됩니다.
무엇을, 어떻게, 얼마나 먹을지에 대한 올바른 이해는 건강한 뇌와 삶을 지키기 위한 기본이자 중요한 출발점입니다.

뇌 건강에 도움이 되는 식품과 영양

매일 먹는 음식은 단순히 배를 채우는 행위가 아니라, 우리 몸과 뇌의 건강을 유지하는 데 중요한 역할을 합니다. 균형 잡힌 식사를 지속하면 노화 속도를 늦추고 기억력이나 사고력 같은 인지기능 저하를 예방하는 데 도움이 됩니다. 특히 음식으로 섭취하는 다양한 영양소는 치매 예방은 물론 뇌세포가 제 기능을 유지하도록 돕는 핵심 요소입니다.

몸의 산화 손상을 줄이는 항산화 영양소

숨을 쉬고 음식물을 소화하고 움직이는 일상적인 활동만으로도 자연스럽게 산화 스트레스가 발생합니다. 이것이 적절하게 제거되지 않으면 시간이 지날수록 축적되게 되고, 세포 손상이 초래되는데, 흔히 몸이 '녹슬어 가는 것'에 비유할 수 있습니다. 이때 발생하는 활성산소의 작용을 억제하는 데 도움이 되는 것이 바로 항산화 영양소입니다.

뇌 역시 나이가 들수록 다른 장기처럼 세포가 약해지고 손상되기 쉽습니다. 특히 뇌세포는 에너지를 많이 소비하기 때문에 에너지 대사 과정에서 생성되는 활성산소의 양이 많아 더 취약합니다. 또한 뇌세포를 둘러싼 세포막은 불포화지방산으로 이루어져 있어 산화되기 쉬운 구조입니다. 따라서 항산화 영양소를 충분히 섭취해 뇌세포를 보호하는 것이 중요합니다.

과일·채소·견과류에 풍부한 항산화 성분

항산화 영양소는 활성산소로 인한 세포 손상을 줄이는 데 도움을 주며, 특히 뇌세포 보호에 중요한 역할을 합니다. 대표적인 항산화 성분으로는 비타민 C, 비타민 E, 카로티노이드, 플라보노이드가 있습니다.

비타민 C·E는 과일, 채소, 견과류에 풍부하고 카로티노이드는 당근, 단호박과 같이 색이 진한 채소에 많이 들어 있습니다. 플라보노이드는 블루베리, 포도, 차, 양파 등의 식물성 식품에 들어 있는 성분입니다.

이러한 성분은 매일 과일과 채소를 충분히 먹기만 해도 자연스럽게 섭취할 수 있습니다. 특히 세포막 보호에 중요한 역할을 하는 비타민 E는 견과류를 비롯해 해바라기유, 포도씨유, 카놀라유와 같은 식물성 기름에 많이 들어 있어 균형 잡힌 식사를 하는 대부분의 사람에게 부족하지 않습니다.

항산화 성분이 풍부한 식단을 꾸준히 유지하면 우리 몸속 방어 체계인 항산화 시스템이 잘 작동해 치매를 포함한 여러 퇴행성 질환을 예방하는 데 도움이 됩니다. 항산화 비타민은 가능한 한 음식으로 섭취하는 것이 좋습니다. 하지만 정상적인 식사를 하기 어려운 경우나 음식 섭취량이 줄어든 노인이라면 필요에 따라 보충제를 활용하는 것이 도움이 될 수 있습니다.

뇌 건강을 지키는 오메가-3 지방산

음식 속 지방은 주로 중성지방 형태로 존재하며, 이를 구성하는 지방산은 구조에 따라 포화지방산과 불포화지방산으로 구분됩니다. 여기서 중요한 것은 어떤 종류의 지방을 섭취하느냐가 뇌 건강에 직접적인 영향을 줄 수 있다는 것입니다.

포화지방산을 많이 섭취하면 기억력이나 사고력과 같은 인지기능이 나빠질 수 있습니다. 포화지방산은 붉은 고기, 버터, 튀김류에 많이 들어 있습니다. 이 성분은 혈액 속 LDL 콜레스테롤을 증가시켜 뇌혈관 건강을 해치고 염증을 유발해 신경세포의 기능을 떨어뜨릴 수 있습니다.

불포화지방산은 단일불포화지방산과 다중불포화지방산으로 나뉘며, 종류와 섭취 균형에 따라 건강에 미치는 영향이 다릅니다. 단일불포화지방산은 올리브오일, 참기름, 견과류, 아보카도 등에 풍부하며 혈중 지질 개선과 염증 완화에 도움을 주어 뇌혈관 건강을 지키는 데 긍정적인 역할을 합니다. 불포화지방산 중 특히 오메가-3 지방산은 뇌 건강에 도움이 됩니다. 오메가-3 지방산은 연어, 고등어, 참치와 같은 등푸른 생선에 풍부하며, 염증을 줄이고 신경세포를 보호하는 역할을 합니다. 따라서 뇌 건강을 지키기 위해서는 포화지방산 섭취를 줄이고 오메가-3 지방산과 단일 불포화지방산이 풍부한 생선을 자주 먹는 것이 좋습니다.

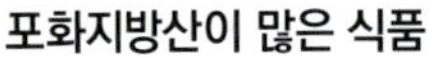

포화지방산이 많은 식품

쇠고기, 돼지고기 등의 붉은색 고기,
케이크, 아이스크림, 햄버거, 라면,
팜유, 코코넛유 등과 이를 사용해 만든 과자류

오메가-3 지방산이 많은 식품

연어, 참치, 고등어 등의 등푸른 생선,
견과류, 들기름

뇌 건강에 해로운 과당

과당은 과일, 꿀, 설탕 등에서 단맛을 주는 주요 성분입니다. 설탕의 경우는 과당과 포도당이 1:1로 결합된 구조입니다.

과당은 주로 간에서 대사되며, 필요 이상 섭취하면 에너지로 사용되지 않고 지방으로 저장됩니다. 이 과정이 반복되면 체지방이 쉽게 증가합니다.

문제는 자연식에 포함된 과당이 아니라 첨가된 과당입니다. 과일주스, 탄산음료, 시럽이 들어간 음료, 디저트류, 각종 가공식품에는 농축된 형태의 과당이 많이 포함되어 있습니다. 이들은 흡수 속도가 빠르고 포만감을 늦게 느끼게 해 과식을 유도하며 체중 증가를 가속화합니다.

과당의 과잉 섭취는 뇌 기능에도 영향을 줄 수 있습니다. 과당을 과도하게 섭취하면 단기 기억력과 인지기능이 저하된다는 연구 결과가 보고되었습니다. 신경세포 간 연결이 약해지고, 뇌 구조가 일부 축소되는 변화도 관찰되었습니다. 반면 과일을 그대로 섭취했을 때는 이러한 부정적 영향이 적었는데, 이는 식품 속 항산화 성분과 식이섬유가 뇌세포를 보호하기 때문입니다.

과당의 과잉 섭취는 식욕 조절 기능에도 영향을 줍니다. 또한 요산 수치를 높여 뇌의 에너지 대사를 방해하고 신경 염증을 유발할 수 있습니다. 이런 변화가 지속되면 집중력 저하나 인지기능 감소로 이어질 가능성이 커집니다.

과당 외에도 트랜스지방산, 정제 탄수화물, 고단순당 간식은 염증을 증가시키고 뇌혈관 기능을 약화시킬 수 있습니다. 특히 튀김류와 설탕이 많은 식품은 인지기능 저하와 관련이 있는 것으로 알려져 있습니다.

마인드 식단·저탄고지 식단·간헐적 단식

식사는 뇌를 건강하게 지키는 방법이 될 수도 있습니다. 최근 연구에서는 특정 식사 방식이 치매 예방과 인지기능 유지에 도움을 줄 수 있다는 결과가 제시되고 있습니다. 대표적인 사례로 마인드 식단, 저탄수화물·고지방 식단(케톤식), 간헐적 단식이 있습니다.

- 마인드 식단 : 뇌 건강을 유지하기 위해 설계된 식사법
- 저탄고지 식단 : 탄수화물 섭취를 줄이고 지방을 주로 섭취하는 식사법
- 간헐적 단식 : 일정 시간 동안 음식을 먹지 않는 식사법

이 세 가지 방식은 접근법은 다르지만, 뇌세포 손상을 줄이고 인지기능 저하를 늦추는 데 도움이 될 수 있다는 점에서 공통점을 갖습니다. 다만, 저탄고지 식단과 간헐적 단식의 경우 아직 동물 실험이나 소규모 초기 임상시험에 머물러 있어, 사람에게 장기적으로 어떤 영향을 미치는지는 더 많은 연구가 필요한 단계입니다.

마인드(MIND) 식단

마인드 식단은 지중해식 식단과 DASH(Dietary Approaches to Stop Hypertension) 식단을 기반으로, 뇌 건강에 도움을 주는 식품을 중심으로 구성된 식사법입니다. 이 식사법은 2015년 미국 연구자들이 그 효과를 처음으로 검증하였습니다.

지중해식 식단은 지중해 연안 사람들의 식습관을 바탕으로 한 식단입니다. 채소·과일·통곡물·견과류·올리브유 등 식물성 식품이 중심이 되며, 여기에 생선과 가금류를 더해 균형을 맞춥니다. 이러한 식단은 심혈관 질환, 당뇨병 등 대사성 질환의 위험을 낮추는 효과가 다양한 연구에서 확인되었습니다.

DASH 식단은 혈압 관리와 혈관 건강에 초점을 둔 식사 방식입니다. 채소, 과일, 저지방 단백

질, 유제품 섭취를 권장하며, 소금과 포화지방산 제한이 핵심 원칙입니다.

마인드 식단은 두 식단의 장점을 결합해 신경세포 보호, 인지기능 유지를 목표로 합니다. 특히 고혈압은 치매의 중요한 위험 요인 중 하나이기 때문에, 혈관 건강을 안정적으로 관리하면서 뇌 기능을 보호하는 점이 특징입니다. 실천하기 어렵지 않아 일상적 식습관 개선으로 적용하기 좋다는 장점도 있습니다.

저탄고지 식단(케톤식)

치매를 예방하는 방법 중 하나로 최근 관심을 받고 있는 것이 바로 저탄고지 식단 또는 케톤식이라 불리는 식사법입니다. 이 식사법은 탄수화물 섭취를 줄이고 지방을 주요 에너지원으로 사용하는 식사 방식입니다. 탄수화물 공급이 제한되면 몸은 지방을 분해해 케톤체를 생성하며, 뇌는 이를 대체 에너지원으로 이용하게 됩니다. 이 과정은 신경세포 부담을 줄이고 뇌 대사 안정에 기여할 수 있습니다.

일부 연구에서는 알츠하이머 환자가 12주 동안 저탄고지 식단을 실천했을 때 기억력과 정보 처리 속도가 개선되었다는 결과도 보고되었습니다. 그러나 이 식단은 다음과 같은 한계와 주의점이 있습니다.

첫 번째로 소화 문제입니다. 처음 시작하면 메스꺼움, 설사, 변비, 식욕 저하 등의 증상이 흔하게 발생합니다. 대부분 일시적이지만 불편을 호소하는 사례가 많습니다.

두 번째로 운동 효과가 떨어지는 단점이 있습니다. 케톤체가 과잉 생성되어 '만성 케톤증'이 될 수 있고, 이 상태에서는 근육량이 증가하지 않거나 운동 효과가 떨어질 수 있습니다.

세 번째로 심혈관에 부담을 줄 수 있습니다. 포화지방산 섭취 비중이 높아지면서 LDL 콜레스테롤 수치를 높여 심장병이나 뇌혈관 질환 위험을 키울 수 있습니다.

네 번째로 영양 결핍 위험이 있습니다. 먹을 수 있는 음식 종류의 제한이 있다 보니, 비타민·칼슘·철분 등 필수 영양소가 부족해지기 쉽습니다. 특히 당뇨병, 심혈관 질환, 고혈압 등 기저질환이 있는 경우 저혈당 또는 대사 악화를 유발할 수 있으므로 전문가 상담이 필요합니다.

 저탄고지 식단의 효과 및 주의점

이렇게 좋아요	주의하세요
• 포만감을 유지해 식사량 조절에 도움 • 혈당 상승을 줄여 AGEs(최종당화산물) 생성 감소 • 경도 인지장애 또는 초기 알츠하이머 환자에서 일부 기능적 지표가 긍정적으로 변화	• 장기간 식단 유지가 어렵고 엄격한 식단으로 인한 심리적 스트레스 증가 • 적응 기간 동안 두통, 피로, 메스꺼움 등 케토플루(Keto flu) 증상 발생 • 치매 및 인지기능에 미치는 장기적인 효과가 아직 확립되지 않음

간헐적 단식

간헐적 단식은 일정 시간 동안 음식을 먹지 않거나 아주 적은 양만 먹는 식사법입니다. 방법은 다양합니다. 격일 단식, 주 2~3일 제한 식사, 하루 8~12시간만 식사하는 시간 제한 식사 등이 대표적입니다. 라마단 기간 동안의 단식이 집중력과 기억력 개선에 영향을 주었다는 연구 결과도 있습니다.

이 같은 간헐적 단식은 뇌 건강에 여러 가지 좋은 영향을 줄 수 있다고 알려져 있습니다. 뇌세포를 보호하고, 신경 염증을 감소시키며, 산화 스트레스를 완화하고, 몸속 노폐물을 청소하는 자가포식 작용을 촉진하는 데 도움이 될 수 있습니다.

다만 이러한 결과는 주로 단기간·소규모 연구에 기반하고 있어, 장기적인 안전성과 효과에 대해서는 좀 더 많은 연구가 필요한 상황입니다. 특히 당뇨병 등 대사 질환이 있는 경우 단식이 치료를 방해할 수 있으므로 반드시 전문가와 상담하는 것이 필요합니다.

 간헐적 단식의 효과 및 주의점

이렇게 좋아요

- 신경세포 손상을 줄이고 뇌 기능 회복력 향상
- 산화 스트레스 감소 및 항산화 방어 시스템 강화
- 몸속 노폐물 정리 시스템이 잘 작동해 손상된 단백질 제거·염증 완화

주의하세요

- 대부분 단기·소규모 연구 중심이며, 장기 안전성은 아직 확립되지 않음
- 당뇨병 등 기저질환이 있는 경우 건강 상태에 부정적 영향을 미칠 수 있음
- 무리한 단식은 혈당 불안정·피로·집중력 저하로 이어질 수 있음

뇌 건강 마인드 식단

마인드 식단을 10년 이상 실천한 사람들은 그렇지 않은 사람들보다 기억력과 사고력 등 인지기능이 더 높게 나타났습니다. 또한 마인드 식단을 충실히 따른 경우 알츠하이머 치매 발생 위험이 50% 이상 낮았고, 식단을 중간 정도만 실천한 경우에도 약 35% 감소한 결과가 보고되었습니다.

이처럼 마인드 식단은 뇌를 건강하게 유지하고, 치매를 예방하는 데 실질적인 효과를 보이는 식사법입니다.

연구 결과로 검증된 뇌 건강 특화 식단

마인드 식단이 왜 뇌 건강에 좋을까요? 마인드 식단이 실제로 뇌 기능을 보호하는 데 도움이 되는지 확인하기 위해 연구자들은 여러 국가에서 수행된 인지기능 개선 관련 식단 연구들을 하나로 모아 분석했습니다. 이를 '체계적 문헌 고찰'이라고 하는데, 쉽게 말해 여러 연구 결과를 종합해 결론을 도출하는 방식입니다.

이 분석에는 미국, 유럽 등 다양한 지역에서 진행된 13개의 연구가 포함되었으며(9개의 장기 추적 연구, 3개의 단면 연구, 1개의 임상시험), 모두 노인들의 식습관과 기억력·주의력·사고력 등의 인지기능을 조사한 연구들입니다. 주목할 점은 서로 다른 나라, 다른 방식으로 수행된 연구들이 모두 한 가지 공통된 결론을 제시했다는 것입니다. 다양한 건강식 중에서도 뇌 건강과 인지기능 보호 효과가 가장 뚜렷하게 나타난 식단은 마인드 식단이었습니다.

• 마인드 식단을 잘 지킨 사람은 기억력·사고력이 더 좋았다

13개 연구 중 역 80%에 해당하는 연구들에서 마인드 식단을 충실히 실천한 노인들이 기억력·주의력·사고력 등 인지기능이 더 좋은 것으로 나타났습니다. 이것은 나이가 들어도 '생각하는 능력'을 유지하는 데 마인드 식단이 실제 도움이 될 수 있음을 의미합니다.

마인드 식단은 지중해 식단, DASH 식단, 발트해 식단, 프로베지테리언 식단과 같은 대표적인 건강식들과 비교했을 때에도 뇌 건강에서는 가장 뛰어난 식단으로 평가되었습니다. 발트해 식단은 발트해 국가들의 건강한 전통 식단을 기반으로 하고, 프로베지테리언 식단은 식물성 식품 중심의 식사 패턴을 의미합니다.

결국 마인드 식단은 단순히 이론이나 유행이 아니라, 실제 사람들을 오랜 시간 관찰한 연구 결과를 바탕으로 한 과학적 식사법입니다. 매일의 식탁에 채소를 한 번 더 올리고, 견과류를 한 줌 추가하고, 붉은 고기 섭취를 조금 줄이는 아주 작은 변화부터 시작해도 충분합니다.

마인드 식단 구성하기

무엇을 먹을까? **마인드 식단 더하기와 빼기**

채소·과일·통곡물·식물성 지방을 충분히 섭취하고, 소금·포화지방산·가공식품 섭취는 줄이는 것이 기본 구조입니다. 따라서 통곡물, 채소류, 견과류, 콩류, 베리류, 가금류, 생선류, 올리브유 위주의 재료들로 식단을 구성합니다.

통곡물의 섭취를 권장하지만, 모든 곡물을 통곡물로 시작해야 한다는 것은 아닙니다. 정제된 흰쌀이나 흰 빵보다는 통곡물을 우선적으로 선택하되 부담이 없는 선에서 조금씩 바꿔가면서 시작하는 방식이 현실적입니다.

마인드 식단에서 중요한 점은 몸에 좋은 음식을 '추가'하는 것보다 좋지 않은 음식을 '자주 먹지 않는 것'입니다. 따라서 자주 먹으면 좋지 않은 음식에 대해서도 알아두는 것이 좋습니다.

버터와 마가린은 맛은 좋지만 뇌에 좋지 않은 포화지방산이 많습니다. 하루에 1큰술 이하로 제한하는 것이 좋습니다. 초콜릿, 캔디, 케이크나 크루아상 등 단 음식은 단순당이 많아 혈당 변동이 심해지고 뇌 건강도 나빠질 수 있으므로 주 5회 이하로 제한해야 합니다. 또한 쇠고기, 돼지고기 등의 붉은 고기는 포화지방산이 많아 뇌 건강에 좋지 않습니다. 손바닥보다 작은 크기를 일주일에 3~4회 이하로 조절하세요. 감자튀김, 너겟 같은 튀긴 음식은 트랜스지방, 나트륨, 산화된 기름이 많아 뇌 노화에 영향을 줄 수 있기 때문에 일주일에 한 번 이상 먹지 않는 게 좋습니다. 숙성 치즈와 가공 치즈류는 지방과 나트륨 함량이 높으므로 주 1회 정도 먹되, 슬라이스 치즈는 1장, 또는 큐브형 소형 치즈는 2개 정도가 적당합니다.

 섭취 권장 식품 vs 제한해야 할 식품

이렇게 드세요

- ✔ 등푸른 생선 (주 1회 이상)
- ✔ 베리류 (주 2회 이상)
- ✔ 가금류 (주 2회 이상)
- ✔ 콩류 (주 3회 이상)
- ✔ 견과류 (주 5회 이상)
- ✔ 올리브오일 (자주)
- ✔ 기타 채소류 (매일, 1회 이상), 녹색 잎채소 (주 6회 이상)
- ✔ 통곡물 (매일, 3회 이상)

섭취를 제한하세요

- ✖ 버터·마가린 (주 7큰술 이하) 무염·유염 버터, 생크림 버터, 크림치즈 버터, 일반·저염 마가린 등
- ✖ 기름지고 단 빵류·단 간식 (주 5회 이하) 크루아상, 캔디, 케이크, 과자 등
- ✖ 붉은 고기 (주 4회 이하) 쇠고기, 돼지고기, 가공육 등
- ✖ 치즈 (주 1회 이하) 숙성 치즈, 가공 치즈
- ✖ 튀김·패스트푸드 (주 1회 이하) 튀김류, 햄버거 세트 등

* 권장 및 제한 횟수는 마인드 식단 연구에서 사용된 점수 기준을 참고해 제시했습니다.

얼마나 먹을까? 마인드 식단 계획하기

뇌 건강을 위한 마인드 식재료를 확인했다면 두 번째 단계는 어떤 음식들을 얼마나 먹어야 하는지 체크하는 것입니다. 이 식단을 꾸준히 실천하려면 식사 계획을 세우는 것이 무엇보다 중요합니다. 마인드 식단에서 권장하는 식품별 1회 섭취량, 일주일 권장 횟수를 알아두고 일주일 식단을 만들어 보세요.

품목	식품	1회 권장량(g)	종이컵 기준	추천 횟수(1주)
통곡물	현미, 보리, 흑미, 귀리, 율무, 차조, 기장, 통밀 등	40~50g	약 1/3컵	21회 (3회/일)
	통밀빵	30g (1조각)	-	
	통곡물 시리얼	30g	약 1컵	
잎채소	시금치, 근대, 케일, 상추, 부추, 깻잎, 쑥갓, 열무, 머위잎, 취나물 등	40~60g	약 1컵	7회 (1회/일)
기타 채소	당근, 가지, 양파, 버섯, 연근, 우엉, 오이, 무, 호박, 고추, 고사리 등	80~100g	약 1.5컵	6회
견과류 및 씨앗류	호두, 잣, 아몬드, 캐슈넛, 땅콩, 들깨, 해바라기씨, 호박씨 등	28g	약 1/3컵	5회

품목	식품	1회 권장량(g)	종이컵 기준	추천 횟수(1주)
콩류	대두, 서리태, 쥐눈이콩, 팥, 녹두, 완두콩 등	100~130g	약 2/3 컵	3회
베리류	블루베리, 딸기, 라스베리, 크랜베리, 산딸기, 복분자, 오디 등	75~100g	약 1/2 컵	2회
가금류	닭고기, 오리고기, 칠면조, 꿩 등	85~100g	손바닥 크기 1토막	2회
생선류	연어, 고등어, 꽁치, 참지, 삼치, 명태, 가자미, 갈치, 굴비 등	85~100g	손바닥 크기 1토막	1회
올리브유	엑스트라 버진 올리브유	약 15g	1큰술	7회 (1회/일)

* 본 표의 1회 권장량은 마인드 식단 연구에서 제안한 섭취 기준을 바탕으로 하였으며, '2020 한국인 영양소 섭취기준'에서 제안하는 1인 1회 분량과는 차이가 있습니다.

마인드 식단 실천하기

오늘부터 마인드 식단을 실천하는 '마인더(MINDer)'로 살아보는 것은 어떨까요? 특별한 준비 없이 하루 한 끼만이라도 마인드 식단의 핵심 원칙을 실천하면 충분합니다. 나머지 식사는 자유롭게 즐기되, 피해야 할 음식은 줄이고 가공식품 대신 자연 그대로의 식재료를 선택하면 뇌 건강에 더 큰 도움이 됩니다.

마인드 식단의 식재료가 낯설거나 어렵게 느껴진다면, 복잡한 요리보다 다음과 같이 단순한 조리법으로 시작해 보세요.

check it ! **마인드 식단 쉽게 적용하는 방법**

마인드 식단
통곡물 : 매일 3회
채소 : 매일 1회 이상, 베리류 : 주 2회 이상
콩류 : 주 3회 이상, 견과류 : 주 5회 이상
생선 : 주 1회 이상
가금류 : 주 2회 이상

쉽게 적용하기

일주일 권장량(횟수)	삼가야 하는 식품
주스(스무디) 2잔	버터·마가린
샐러드 2회	기름지고 단 빵류·단 간식
생선 요리 1회	붉은 고기
닭 또는 오리 요리 1회	치즈
	튀김·패스트푸드

마인더(MINDer)의 일주일 장보기

장을 보기 전, 한 주간의 식단을 먼저 계획해 보세요. 필요한 재료를 식품군별로 정리해두면 준비 과정이 훨씬 편해지고, 영양 균형도 자연스럽게 잡힙니다. 식재료가 다양할수록 우리 몸이 필요로 하는 영양소를 골고루 챙길 수 있습니다.

특히 여러 색의 신선한 제철 채소를 중심으로 장바구니를 채우는 것이 좋습니다. 반대로 포화 지방산이나 정제 탄수화물이 많은 음식, 첨가물이 많은 가공식품, 튀김류나 패스트푸드, 인공 향료·색소가 들어간 제품은 가능한 한 줄이도록 합니다. 다음은 마인더의 일주일 식단에 필요한 핵심 재료들입니다.

check it ! 일주일치 마인드 식단 장바구니

당신의 식단, 체크해 볼까요?

아침으로 식빵 두 장에 딸기잼 바르고 블랙커피를 마셨다.

마인드 재료 포함 여부

△ : 대체된 재료로 포함

통곡물	잎채소	채소	견과·씨앗	콩류	베리류	가금류	생선	올리브유
					△			

마인드 비추천 재료 포함 여부

버터·마가린	기름지고 단 빵류·단 간식	붉은 고기	치즈	튀김·패스트푸드
O	O			

✅ 식단 체크

겉보기에 가벼운 아침 식사지만 실제로는 정제 밀가루와 설탕이 중심이 되는 식사입니다. 딸기가 베리류에 속하긴 하지만, 잼은 설탕이 많이 포함된 가공식품이므로 마인드 식단의 베리류 섭취 기준에 포함되지 않습니다. 마인드 식단의 핵심 식품군을 거의 충족하지 못해 뇌 건강에 기여도가 거의 없습니다.

✅ 이렇게 바꿔보세요

식빵을 통밀빵으로 바꾸고, 딸기잼 대신 생딸기와 견과류를 곁들이면 베리류와 통곡물, 견과류까지 세 항목을 충족할 수 있습니다. 커피 대신 달지 않은 두유를 추가하면 콩류 항목도 자연스럽게 포함됩니다.

아침으로 바나나, 고구마, 두유를 먹었다.

마인드 재료 포함 여부

통곡물	잎채소	채소	견과·씨앗	콩류	베리류	가금류	생선	올리브유
○				○				

마인드 비추천 재료 포함 여부

버터·마가린	기름지고 단 빵류·단 간식	붉은 고기	치즈	튀김·패스트푸드

✅ 식단 체크

이 식사는 콩류(두유), 통곡물에 가까운 고구마, 과일(바나나)를 포함해 일부 마인드 식단 기준을 충족합니다. 다만 녹색 잎채소와 건강한 지방이 빠져 있어 뇌 건강 관점에서는 균형이 아쉽습니다.

✅ 이렇게 바꿔보세요

두유에 시금치 한 줌을 갈아 넣거나, 아몬드 한 숟가락을 더하면 잎채소, 견과류 항목까지 자연스럽게 채워집니다.

점심으로 편의점 도시락과 아이스티를 먹었다.

마인드 재료 포함 여부

△ : 대체된 재료로 포함

통곡물	잎채소	채소	견과·씨앗	콩류	베리류	가금류	생선	올리브유
		O				△	△	

마인드 비추천 재료 포함 여부

△ : 대체된 재료로 포함

버터·마가린	기름지고 단 빵류·단 간식	붉은 고기	치즈	튀김·패스트푸드
	O	△		O

✅ 식단 체크

편의점 도시락은 편리하긴 하지만, 대부분 정제 탄수화물, 나트륨, 포화지방산이 중심입니다. 채소 반찬이 있긴 하지만 양이 적거나 소비자 선호를 높이기 위해 튀기거나 단맛, 짠맛을 강하게 하여 가공된 경우가 많아 마인드 식단으로는 부적절합니다. 단, 닭고기나 생선 반찬이 있는 경우 마인드 식단 기준을 일부 충족할 수 있습니다. 아이스티 역시 고당 음료이므로 섭취를 제한하는 것이 좋아요.

✅ 이렇게 바꿔보세요

잡곡밥 도시락을 선택하고 생채소나 나물 반찬을 추가해 보세요. 음료는 무가당 차나 물로 음료를 바꾸면 훨씬 건강한 식단이 됩니다.

점심으로 소고기 햄버거와 콜라를 먹었다.

마인드 재료 포함 여부

통곡물	잎채소	채소	견과·씨앗	콩류	베리류	가금류	생선	올리브유
		◯						

마인드 비추천 재료 포함 여부

버터·마가린	기름지고 단 빵류·단 간식	붉은 고기	치즈	튀김·패스트푸드
◯	◯	◯	◯	

✅ 식단 체크

햄버거와 콜라 조합은 대표적인 패스트푸드입니다. 햄버거에는 약간의 채소가 들어가지만, 정제 탄수화물과 가공육이 주 구성이라 마인드 식단이 권장하는 주요 식품군을 거의 충족하지 못합니다. 또한 포화지방산, 정제 탄수화물, 고나트륨 소스의 과다 섭취는 건강한 식단 관리에 방해가 될 수 있습니다.

✅ 이렇게 바꿔보세요

버거의 빵을 통밀 번으로 바꾸고, 붉은 고기로 된 패티 대신 닭가슴살이나 병아리콩 패티로 대체해 보세요. 양상추 대신 시금치나 어린 잎 채소를 넣고, 콜라는 물이나 무가당 차로 바꾸면 한 끼만으로도 식단의 질이 크게 개선됩니다.

저녁으로 마라탕과 탕후루를 먹었다.

마인드 재료 포함 여부

통곡물	잎채소	채소	견과·씨앗	콩류	베리류	가금류	생선	올리브유
		O						

마인드 비추천 재료 포함 여부   △ : 대체된 재료로 포함

버터·마가린	기름지고 단 빵류·단 간식	붉은 고기	치즈	튀김·패스트푸드
	O	△		O

✅ 식단 체크

마라탕은 선택한 재료에 따라 채소가 포함될 수 있지만, 대체로 기름기 많은 육수와 가공육, 정제 탄수화물로 만든 중화면 중심이라 마인드 식단과는 거리가 있습니다. 탕후루는 설탕을 입힌 과일로, 베리류 점수에는 포함되지 않으며 단 음식으로 분류됩니다.

✅ 이렇게 바꿔보세요

마라탕을 먹을 때 두부와 청경채·시금치 같은 채소, 생선·가금류와 같은 단백질을 넉넉히 추가해 보세요. 디저트로 블루베리나 생딸기를 선택한다면 한 끼 식사를 더 건강하게 완성할 수 있습니다.

저녁으로 치킨과 맥주를 먹었다.

마인드 재료 포함 여부

통곡물	잎채소	채소	견과·씨앗	콩류	베리류	가금류	생선	올리브유
						O		

마인드 비추천 재료 포함 여부

버터·마가린	기름지고 단 빵류·단 간식	붉은 고기	치즈	튀김·패스트푸드
O				O

✅ 식단 체크

닭고기는 마인드 식단에서 권장되는 단백질원 중 하나지만, 튀긴 형태의 가금류는 제외입니다. 무엇보다 샐러드, 통곡물, 건강한 지방이 빠져 있다는 게 가장 큰 문제입니다. 알코올은 인지기능과 수면에 영향을 줄 수 있어 가능하면 제한하는 것이 좋습니다.

✅ 이렇게 바꿔보세요

튀기지 않은 닭가슴살 구이로 바꾸고, 올리브유에 버무린 잎채소 샐러드를 곁들인다면 뇌 건강을 지키는 방향으로 식단을 개선할 수 있습니다. 맥주는 탄산수나 허브티로 대체해 보세요.

나만의 식단 계획 세우기

일차	음식명	재료 및 섭취량(1회 섭취 기준)
1일차	닭가슴살카레덮밥	현미밥(1), 당근(1/2), 양파(1/2), 가금류(1/3)
2일차		
3일차		
4일차		
5일차		
6일차		
7일차		

다음 주 개선 목표 세우기

마인드 식단을 위해 실천 가능한 목표를 세워보세요. 점심에 잡곡밥 먹기, 아침에 블루베리 추가하기 등 하루 한두 가지라도 좋아요.

①

②

마인드 식단 체크리스트

일주일 식사에서 다음의 마인드 재료들을 몇 회 섭취했는지 체크하고 개선점을 찾아보세요(본문 41쪽 참조).

마인드 재료	포함된 날 (요일)	충족 횟수
통곡물		
잎채소		
기타 채소		
견과류 및 씨앗류		
콩류		
베리류		
가금류		
생선		
올리브오일		

뇌 건강에 해로운 식품 피하기

아래 항목 중 얼마나 포함되는지 점검해보세요.

해로운 식품	포함된 날 (요일)	초과 여부 및 초과 횟수
버터·마가린		
기름지고 단 빵류·단 간식		
붉은 고기		
치즈		
튀김·패스트푸드		

MIND

3장 — 치매를 예방하는 마인드 식단

마인드 식단의 핵심인 통곡물, 잎채소, 씨앗·견과류, 베리류를 꾸준히 챙겨 먹는 일은 생각보다 쉽지 않습니다. 매일의 식사 속에서 자연스럽게 실천할 수 있도록, 간편하게 영양을 담은 스무디와 균형 있게 구성한 샐러드를 소개합니다.

맛과 포만감을 모두 충족시키는 한 그릇 요리도 함께 제안해 일상에서 부담 없이 뇌 건강을 관리할 수 있도록 했어요.

Part 1

두뇌를 살리는 마인드 스무디

하루에 필요한 영양을 음식만으로 채우기 어렵다면 재료를 갈아 스무디 형태로 즐기는 것도 좋은 방법입니다. 채소와 과일을 스무디로 만들면 부피가 줄어들어 적은 양으로도 충분한 영양을 섭취할 수 있고, 소화 부담도 덜해요. 식이섬유가 풍부해 포만감이 오래 유지되므로 자연스럽게 간식을 덜 먹게 되는 효과도 기대할 수 있어요.

블루베리 아몬드 스무디

폴리페놀 같은 항산화 영양소가 풍부한 블루베리와, 세포 기능을 유지해 '슈퍼 그린'이라 불리는
시금치의 조합은 몸속 세포 손상을 막아 노화 예방에 도움이 됩니다. 아몬드에는 인지기능을 돕는
올레산이 풍부해 뇌 건강에도 좋아요.

통곡물	잎채소	채소	견과·씨앗	콩류	베리류	가금류	생선	올리브유
	✔		✔		✔			✔

재료(1인분)

블루베리 3/4컵(100g)
시금치 30g
아마씨 1큰술
올리브유 1작은술
무가당 아몬드 우유 1컵

만들기

1. 생블루베리는 흐르는 물에 씻어 물기를 뺀다. 냉동 블루베리의 경우 '과채 가공품'이면 해동 후 바로 사용하고, '농수산물'이라고 표기된 제품은 반드시 세척 후 사용한다.

2. 시금치는 억센 줄기를 잘라내고 흐르는 물에 2~3번 흔들어 씻는다.

3. 통 아마씨는 블렌더에 곱게 간다.
   └ 아마씨 분말을 사용하는 것도 좋다.

4. 모든 재료를 블렌더에 넣고 곱게 간다. 너무 되직하면 아몬드 우유를 좀 더 넣어 농도를 조절한다.

그린 프레시 스무디

시금치는 비타민 C·E와 카로티노이드 항산화 성분이 함께 들어 있어 뇌세포 노화를 늦추는 데 효과
적인 채소예요. 항산화 미네랄인 망간이 풍부한 파인애플과 함께 스무디를 만들면 파인애플의 달콤
새콤한 맛이 시금치의 풋내를 잡아 줘 맛도 영양도 배가됩니다.

통곡물	잎채소	채소	견과·씨앗	콩류	베리류	가금류	생선	올리브유
✓	✓		✓	✓				

파인애플 80g
시금치 25g
호두 3~4알
귀리 1/2~1큰술 (익힌 귀리 1~2큰술)
무가당 두유 1컵

만들기

1. 파인애플은 껍질과 심지를 제거하고 과육을 2~3cm 크기로 자른다. 냉동 제품은 해동 후 물기를 살짝 제거한다.

2. 시금치는 억센 줄기를 제거하고 흐르는 물에 2~3번 흔들어 씻는다.

3. 호두는 껍질을 제거한다. 쓴맛이 민감할 경우 가볍게 볶거나 물에 20~30분 불려 사용한다.
   └ 호두를 뜨거운 물에 담갔다 이쑤시개로 껍질을 떼어내면 쉽게 제거할 수 있다.

4. 귀리는 깨끗이 씻어 물에 충분히 불린 후 푹 삶아서 식힌다.
   └ 미리 만들어 냉동 보관해 두면 간편하다.

5. 모든 재료를 블렌더에 넣고 두유로 농도를 조절해가며 곱게 간다.

딸기 파인애플 스무디

혈액순환을 돕는 새싹채소에 비타민 C가 풍부한 딸기, 염증 완화에 좋은 햄프씨드를 더해 만든 새콤
달콤 쌉쌀한 스무디입니다. 두유를 넣어 농도를 조절하면 이소플라본이 더해져 인지기능에 도움을
주고 고소한 맛도 한층 깊어져요.

통곡물	잎채소	채소	견과·씨앗	콩류	베리류	가금류	생선	올리브유
	✔		✔	✔	✔			

만들기

1. 딸기는 흐르는 물에 씻은 뒤 꼭지를 자르고 2~3등분 한다.

2. 파인애플은 껍질과 심지를 제거한 뒤 과육을 2~3cm 크기로 썬다. 냉동 제품은 해동 후 물기를 가볍게 제거한다.

3. 새싹 채소는 흐르는 물에 씻어 물기를 뺀다.

4. 과일과 채소, 햄프씨드를 블렌더에 넣고 두유로 농도를 맞춰가며 곱게 간다.
    └ 시원하게 즐기고 싶다면 얼음 1~2조각을 넣어 함께 갈아주는 것도 좋다.

사과 케일 스무디

사과는 껍질에 비타민 C와 폴리페놀 같은 항산화 성분이 많아 껍질째 먹는 것이 좋아요. 여기에 케일
과 블루베리, 파인애플을 더해 맛과 영양을 균형 있게 살릴 수 있고. 햄프씨드와 귀리가 포만감을 더
해줘 든든한 슈퍼푸드 모둠 스무디가 완성됩니다.

통곡물	잎채소	채소	견과·씨앗	콩류	베리류	가금류	생선	올리브유
✔	✔		✔	✔	✔			

재료 (1인분)

사과 1/2개 (100g)
파인애플 40g
블루베리 1/4컵 (30g)
케일 50g
햄프씨드 1큰술
귀리 1/2~1큰술 (익힌 귀리 1~2큰술)
무가당 두유 1/2컵
물 1/2컵

만들기

1. 사과는 껍질째 깨끗이 씻은 후 씨를 제거하고 적당히 잘라둔다.

2. 파인애플은 껍질과 심지를 제거하고 2~3cm 크기로 자른다. 냉동 파인애플은 해동 후 물기를 제거한다.

3. 블루베리는 흐르는 물에 씻어 물기를 빼둔다. 냉동 블루베리는 표기에 따라 해동하거나 세척 후 사용한다.

4. 케일은 깨끗이 씻어 물기를 제거한 뒤 질긴 줄기를 잘라낸다.

5. 귀리는 깨끗이 씻어 물에 충분히 불린 후 푹 삶아서 식힌다.
   └ 미리 만들어 냉동 보관해 두면 간편하다.

6. 모든 재료를 블렌더에 넣고 물과 두유로 농도를 조절해가며 곱게 간다.

망고 오트 스무디

망고는 과일 중에서도 항산화 비타민인 비타민 C와 베타카로틴이 특히 풍부해요. 여기에 혈관을 보호하는 귀리와 인지기능에 좋은 아몬드와 두유를 더해 스무디를 만들면 한 컵으로 맛과 건강을 함께 챙길 수 있어요.

MIND 재료

통곡물	잎채소	채소	견과·씨앗	콩류	베리류	가금류	생선	올리브유
✔			✔	✔				

망고 80g
귀리 1/2~1큰술 (익힌 귀리 1~2큰술)
아몬드 5~6알
무가당 두유 1컵

만들기

1. 망고는 껍질과 씨를 제거하고 과육만 2~3cm 크기로 자른다. 냉동 제품은 해동 후 물기를 살짝 제거한다.

2. 귀리는 깨끗이 씻어 찬물에 충분히 불린 후 삶아서 건져 식힌다.
   └ 미리 만들어 냉동 보관해두면 편리하다.

3. 아몬드는 그대로 사용하거나 30분간 물에 불려 부드럽게 만든다.
   └ 껍질의 까끌한 식감이 싫다면 껍질을 제거하는 것도 좋다.

4. 모든 재료를 블렌더에 넣고 두유로 농도를 조절해가며 곱게 간다.

퍼플그린 피스타치오 스무디

피스타치오는 비타민 E와 카로테노이드가 풍부해 인지기능을 돕는 견과류입니다. 블루베리의 강력한 항산화 성분이 세포막을 보호하면서 뇌 건강에 도움을 주고, 귀리와 콩이 포만감을 줘 한 잔으로도 든든해요.

통곡물	잎채소	채소	견과·씨앗	콩류	베리류	가금류	생선	올리브유
✔	✔		✔	✔	✔			✔

시금치 30g
블루베리 1/2컵 (60g)
무염 피스타치오 10g
귀리 1/2~1큰술 (익힌 귀리 1~2큰술)
강낭콩 또는 병아리콩 30g
무가당 아몬드 우유 1컵
올리브유 1작은술

만들기

1. 시금치는 억센 줄기를 제거하고 흐르는 물에 2~3번 흔들어 씻는다.

2. 블루베리는 흐르는 물에 씻어 물기를 뺀다. 냉동 블루베리는 표기에 따라 세척 또는 해동 후 사용한다.

3. 피스타치오는 껍질을 제거한 뒤 그대로 사용하거나 물에 30분간 불려 부드럽게 만든다.

4. 귀리는 깨끗이 씻어 물에 충분히 불린 후 푹 삶아서 식힌다.
   └ 미리 만들어 냉동 보관해 두면 간편하다.

5. 콩은 깨끗이 씻은 뒤 물을 넉넉히 붓고 삶아서 식힌다.

6. 모든 재료를 블렌더에 넣고 아몬드 우유로 농도를 조절해가며 곱게 간다.

프레시 안티 옥시 스무디

토마토와 당근을 갈아 마시면 베타카로틴, 리코펜, 루테인 같은 항산화 성분의 흡수가 더 잘 돼요. 이 같은 항산화 비타민들은 세포의 산화를 막아주는 역할을 하기 때문에 뇌와 혈관 건강을 유지하는 데 도움이 됩니다.

통곡물	잎채소	채소	견과·씨앗	콩류	베리류	가금류	생선	올리브유
✔		✔		✔				✔

브로콜리 30g
사과 1/6개 (30g)
토마토 1/3개 (60g)
당근 1/6개 (20g)
바나나 1/4개 (25g)
병아리콩 1큰술 (삶은 병아리콩 1큰술)
귀리 1/2~1큰술 (익힌 귀리 1~2큰술)
올리브오일 1/2작은술
레몬즙 1작은술 (기호에 따라)
물 1/2~3/4컵

만들기

1. 브로콜리는 깨끗이 씻은 뒤 끓는 물에 살짝 데쳐서 식힌다.

2. 사과, 토마토, 당근은 깨끗이 씻어서 적당한 크기로 자른다. 바나나는 껍질을 벗기고 2~3등분 한다.

3. 콩은 삶아서 식혀둔다.

4. 귀리는 깨끗이 씻어 물에 충분히 불린 후 푹 삶아서 식힌다.
   └ 미리 만들어 냉동 보관해 두면 간편하다.

5. 모든 재료를 블렌더에 넣고 곱게 간다. 너무 되직하면 물 또는 얼음을 조금 넣는다.

바나나 그린 스무디

바나나는 뇌혈관을 건강하게 유지하기 위해 필요한 칼륨의 함량이 높은 대표적인 과일이에요. 바나나에 항산화물질이 풍부한 시금치와 케일을 더하고 바삭하게 씹히는 카카오닙스를 추가해 고소하면서도 건강한 스무디가 완성됩니다.

통곡물	잎채소	채소	견과·씨앗	콩류	베리류	가금류	생선	올리브유
✔	✔		✔	✔				

바나나 1/2~1개 (90g)
시금치 50g
케일 50g
귀리 1/2~1큰술 (익힌 귀리 1~2큰술)
카카오닙스 1작은술
무가당 두유 1컵

만들기

1. 바나나는 껍질을 벗기고 2~3등분 한다.

2. 시금치와 케일은 흐르는 물에 충분히 씻어 물기를 제거한 뒤 질긴 줄기는 잘라낸다.

3. 귀리는 깨끗이 씻어 물에 충분히 불린 후 푹 삶아서 식힌다.
   └ 미리 만들어 냉동 보관해 두면 간편하다.

4. 카카오닙스는 다진다. 입자가 굵지 않다면 그대로 사용해도 좋다.

5. 모든 재료를 블렌더에 넣고 두유로 농도를 조절해가며 곱게 간다.

베리 케일 스무디

케일은 대표적인 푸른잎채소로 세포 손상을 억제하는 베타카로틴, 퀘르세틴, 캠페롤 등의 항산화물
질을 많이 함유하고 있어요. 쌉싸름한 케일과 항산화 기능이 탁월한 베리류 과일의 조합, 데일리 스
무디로 추천합니다.

통곡물	잎채소	채소	견과·씨앗	콩류	베리류	가금류	생선	올리브유
	✓		✓		✓			

블루베리 1/3컵 (50g)
라즈베리 1/3컵 (50g)
케일 30g
호두 3~4알
귀리 우유 (오트 밀크) 1컵

만들기

1. 블루베리와 라즈베리는 흐르는 물에 씻어 건진다. 냉동일 경우 표기에 따라 해동 또는 세척 후 사용한다.

2. 케일은 흐르는 물에 여러 번 씻는다. 질긴 줄기는 제거한 후 잎만 사용한다.
   └ 부드러운 어린잎 케일이 스무디로 더 좋다.

3. 호두는 겉껍질을 제거한 후 가볍게 볶거나 물에 20~30분 정도 불려 비린 맛을 없앤다.
   └ 호두를 뜨거운 물에 담갔다 이쑤시개로 살살 껍질을 떼어내면 쉽다.

4. 모든 재료를 블렌더에 넣고 귀리 우유로 농도를 조절해가며 곱게 간다.

배 시금치 스무디

배는 수분이 많아 스무디로 만들면 시원하고 산뜻해요. 배와 귀리에 풍부한 수용성 식이섬유는
혈당과 콜레스테롤을 안정시켜 뇌 건강의 기초가 되는 혈관 기능까지 함께 챙길 수 있어요. 여기에
블루베리의 항산화 성분이 더해져 일석이조랍니다.

통곡물	잎채소	채소	견과·씨앗	콩류	베리류	가금류	생선	올리브유
✔	✔			✔	✔			

재료 (1인분)

블루베리 1/3컵(40g)
배 1/2개(100g)
시금치 25g
귀리 1/2~1큰술(익힌 귀리 1~2큰술)
무가당 두유 1컵

만들기

1. 블루베리는 흐르는 물에 씻은 후 물기를 제거한다. 냉동 블루베리는 표기에 따라 씻어서 사용한다.

2. 배는 껍질을 벗기지 않고 깨끗이 씻은 후 씨 부분을 제거하고 2~3조각으로 썬다.
   └ 배의 껍질에는 식이섬유와 항산화 성분이 많아 깨끗이 씻은 후 껍질까지 함께 섭취하면 좋다.

3. 시금치는 억센 줄기를 제거한 후 흐르는 물에 2~3회 흔들어 깨끗이 씻는다.

4. 귀리는 깨끗이 씻어 물에 충분히 불린 후 푹 삶아서 식힌다.
   └ 미리 만들어 냉동 보관해두면 간편하다.

5. 모든 재료를 블렌더에 넣고 두유로 농도를 조절해가며 곱게 간다.

자몽 아보카도 스무디

인지기능을 돕는 브레인 스무디입니다. 자몽은 비타민 C와 플라보노이드 같은 항산화 성분이 풍부
해 세포 손상을 줄여주고, 아보카도에는 뇌세포 보호에 좋은 비타민 E가 많이 들어 있어요. 캐슈너
트 또한 오메가-3 지방산과 다양한 미네랄을 함유해 인지기능 유지에 도움이 됩니다.

MIND 재료

통곡물	잎채소	채소	견과·씨앗	콩류	베리류	가금류	생선	올리브유
	✔		✔	✔				✔

• 아보카도에는 올리브유의 주성분인 올레산이 풍부하게 들어 있습니다. 대체 함유

자몽 1/2개 (80g)
아보카도 1/5개 (30g)
어린잎채소 10g
캐슈너트 5~6알
무가당 두유 1/2컵
물 1/2컵

만들기

1. 자몽은 껍질을 벗기고 과육만 2~3조각으로 자른다.

2. 아보카도는 반으로 갈라 씨를 제거하고 과육만 준비해 갈기 좋은 크기로 자른다.

3. 어린잎채소는 깨끗이 씻어 물기를 제거한 다음 질긴 줄기는 잘라낸다.

4. 캐슈너트는 그대로 사용하거나 30분간 물에 불려 부드럽게 만든다.

5. 모든 재료를 블렌더에 넣고 곱게 간다. 농도는 두유 또는 물로 조절한다.

그린 애플 스무디

브로콜리는 설포라판과 비타민 C 같은 피토케미컬이 풍부해 몸의 염증을 줄이고 세포를 보호하는
데 도움을 줘요. 여기에 혈관 건강에 좋은 사과와 부드러운 단맛의 바나나를 함께 갈아주면 산뜻함
과 달콤함이 조화된 건강한 스무디로 즐길 수 있어요.

통곡물	잎채소	채소	견과·씨앗	콩류	베리류	가금류	생선	올리브유
	✔	✔	✔	✔				

만들기

1. 브로콜리는 깨끗이 씻은 뒤 끓는 물에 살짝 데쳐서 식힌다.

2. 사과는 껍질째 씻어 씨를 제거한 다음 적당한 크기로 썰어둔다.

3. 바나나는 껍질 벗기고 2~3등분 한다.

4. 시금치는 억센 줄기를 제거하고 흐르는 물에 2~3번 흔들어 씻는다.

5. 치아씨드는 물 1큰술에 10분간 불려 젤 형태의 농도로 만들어 사용하면 소화에 더 좋다.
   └ 치아씨드는 그대로 넣어 갈아도 된다.

6. 모든 재료를 블렌더에 넣고 두유로 농도를 조절해가며 곱게 간다.

베리 오트 스무디

뇌 건강을 위해서는 혈관 건강을 튼튼하게 유지하는 것이 중요합니다. 귀리에는 혈관을 보호하는 수용성 식이섬유가 많은데 항산화·항염 성분이 풍부한 베리류의 과일과 함께 스무디를 만들면 맛도 좋아지고 건강 효과도 높일 수 있어요.

통곡물	잎채소	채소	견과·씨앗	콩류	베리류	가금류	생선	올리브유
✔	✔		✔	✔	✔			

딸기 70g
블루베리 1/4컵 (30g)
바나나 1/2개 (50g)
시금치 20g
귀리 1/2~1큰술 (익힌 귀리 1~2큰술)
아몬드 5~6알
무가당 두유 1컵

만들기

1. 딸기와 블루베리는 흐르는 물에 씻은 뒤 물기를 제거한다. 냉동일 경우 표기에 따라 해동 또는 세척 후 사용한다.

2. 바나나는 껍질을 벗기고 2~3등분 한다.

3. 시금치는 억센 줄기를 제거하고 흐르는 물에 2~3번 흔들어 씻는다.

4. 귀리는 깨끗이 씻어 물에 충분히 불린 후 푹 삶아서 식힌다.
   └ 미리 만들어 냉동 보관해 두면 간편하다.

5. 아몬드는 그대로 사용하거나 30분간 물에 불려 부드럽게 만든다.

6. 모든 재료를 블렌더에 넣고 곱게 간다. 농도는 두유로 조절한다.

퀴노아 그린 스무디

퀴노아는 강력한 항산화 성분인 퀘르세틴이 풍부하고 맛이 담백해 채소나 과일, 견과류와 함께 섞어도 잘 어울리는 건강한 식재료입니다. 바나나의 자연스러운 단맛과 시금치의 부드러운 향이 더해져 맛과 영양의 균형을 모두 갖춘 든든한 스무디가 탄생했어요.

통곡물	잎채소	채소	견과·씨앗	콩류	베리류	가금류	생선	올리브유
✔	✔		✔	✔				

만들기

1. 바나나는 껍질을 벗기고 2~3등분 한다.

2. 시금치는 억센 줄기를 제거하고 흐르는 물에 2~3번 흔들어 씻는다.

3. 퀴노아는 물에 깨끗이 씻은 뒤 2배의 물을 붓고 삶아 식힌다.
    ㄴ 조리 전 여러 번 헹궈내야 사포닌이라는 쓴맛 나는 성분을 제거할 수 있다.

4. 아몬드는 그대로 사용하거나 물에 불려 부드럽게 만든다.

5. 모든 재료를 블렌더에 넣고 두유로 농도를 조절해가며 곱게 간다.

망고 밸런스 스무디

망고, 블루베리, 바나나를 갈아 달콤하고 향이 좋은 비타민 스무디를 만들었어요. 여기에 시금치와
아보카도를 더하면 항산화 효과는 물론 체내 비타민 흡수까지 높아져 한 잔으로 영양과 맛을 균형
있게 챙길 수 있어요.

통곡물	잎채소	채소	견과·씨앗	콩류	베리류	가금류	생선	올리브유
	✔		✔	✔	✔			✔

• 아보카도에는 올리브유의 주성분인 올레산이 풍부하게 들어 있습니다.　　　　대체 함유

만들기

1. 망고는 껍질을 제거한 다음 과육만 갈기 쉽게 썰어 두고 블루베리는 씻어 물기를 빼둔다.
   └ 냉동 망고나 냉동 블루베리를 사용할 경우 약간 해동한 다음 조리하면 블렌딩이 더 부드럽다.

2. 시금치는 억센 줄기를 제거하고 흐르는 물에 2~3번 흔들어 씻는다.

3. 아보카도는 반으로 갈라 씨를 제거하고 과육만 준비한다.

4. 병아리콩은 삶아서 식혀둔다.

5. 바나나는 껍질을 벗기고 2~3등분 한다.

6. 아마씨를 포함한 모든 재료를 블렌더에 넣고 곱게 간다. 농도는 아몬드 우유로 조절한다.

딸바 시금치 스무디

비타민 C와 폴리페놀이 풍부한 딸기와 시금치는 노화 방지와 면역력 강화에 도움이 되죠. 이 두 가지
를 함께 넣은 스무디는 새콤달콤한 맛이 살아 있으면서도 건강한 끝맛을 남기는 상큼한 음료입니다.
치아씨드를 더하면 영양은 물론 든든한 포만감까지 느낄 수 있어요.

통곡물	잎채소	채소	견과·씨앗	콩류	베리류	가금류	생선	올리브유
	✔		✔	✔	✔			

재료 (1인분)

딸기 70g
바나나 1/4개 (25g)
시금치 70g
치아씨드 1작은술
무가당 두유 1컵

만들기

1. 딸기는 흐르는 물에 씻은 뒤 꼭지를 자르고 2~3등분 한다.
   └ 냉동 딸기를 사용할 경우 '과채 가공품'이면 해동 후 사용하고, '농수산물'이면 세척 후 사용한다.

2. 바나나는 껍질을 벗기고 2~3등분 한다.
   └ 스무디를 만들 때는 약간 무른 상태의 바나나가 더 좋다.

3. 시금치는 억센 줄기를 제거하고 흐르는 물에 2~3번 흔들어 씻는다.

4. 치아씨드는 그대로 사용해도 되지만 물 1큰술에 10분간 불려 젤 형태의 농도로 만들어 사용하면 소화에 더 좋다.

고구마 너트 스무디

고구마는 탄수화물 식품이지만 베타카로틴 같은 항산화 비타민이 많이 들어 있어요. 혈압 조절에 중요한 칼륨도 풍부해서 탄수화물 대체 식품으로 활용하기에 좋답니다. 곡물, 견과류 등과 함께 갈아 한 끼 식사로 즐겨보세요.

통곡물	잎채소	채소	견과·씨앗	콩류	베리류	가금류	생선	올리브유
✓		✓	✓	✓				

재료 _(1인분)

고구마 1~2개 (200g)
귀리 1/2~1큰술(익힌 귀리 1~2큰술)
치아씨드 1작은술
아몬드 5알
무가당 두유 1컵

만들기

1. 고구마는 깨끗이 씻어 찜통에 찐 뒤 껍질을 벗기고 적당한 크기로 자른다.

2. 귀리는 깨끗이 씻어 물에 충분히 불린 후 푹 삶아서 식힌다.
   └ 미리 만들어 냉동 보관해 두면 간편하다.

3. 치아씨드는 그대로 사용해도 되지만 물 1큰술에 10분간 불려 젤 형태의 농도로 만들어 사용하면 소화에 더 좋다.

4. 아몬드는 그대로 사용하거나 30분간 물에 불려 부드럽게 만든다.

5. 모든 재료를 블렌더에 넣고 두유로 농도를 조절해가며 곱게 간다.

베리 콜라비 스무디

강력한 항산화 기능으로 세포 손상을 줄여주는 블루베리에 통곡물을 넣어 혈관 건강을 지키면서 포만감을 느낄 수 있는 뇌 건강 대표 스무디입니다. 콜라비와 바나나는 심혈관 건강에 필요한 칼륨이 풍부해 함께 넣으면 좋아요.

MIND 재료

통곡물	잎채소	채소	견과·씨앗	콩류	베리류	가금류	생선	올리브유
✔	✔	✔	✔		✔			

재료 (1인분)

블루베리 1/2컵(70g)
콜라비 30g
귀리 1/2~1큰술 (익힌 귀리 1~2큰술)
호두 3알
시금치 50g
바나나 1/2개(40g)
무가당 아몬드 우유 1컵

만들기

1. 블루베리는 흐르는 물에 씻어 물기를 뺀다. 냉동 블루베리는 표기에 따라 세척 또는 해동 후 사용한다.

2. 콜라비는 껍질을 벗기고 1~2cm 크기로 썬다. 질감이 단단하다고 느껴질 경우 살짝 데친다.

3. 귀리는 깨끗이 씻어 물에 충분히 불린 후 푹 삶아서 식힌다.
  └ 미리 만들어 냉동 보관해 두면 간편하다.

4. 호두는 껍질을 제거한다. 쓴맛이 민감할 경우 가볍게 볶거나 물에 20~30분 불려 사용한다.
  └ 호두를 뜨거운 물에 담근 다음 이쑤시개로 껍질을 떼어내면 쉽게 제거할 수 있다.

5. 시금치는 억센 줄기를 제거하고 흐르는 물에 2~3번 흔들어 씻는다.

6. 바나나는 껍질을 벗기고 2~3등분 한다.

7. 모든 재료를 블렌더에 넣고 아몬드 우유로 농도를 조절해가며 곱게 간다.

콜리플라워 딸바 스무디

콜리플라워에는 염증 억제에 관여하는 글루코시놀레이트가 풍부해요. 과일 스무디에 콜리플라워처럼 섬유질이 많은 채소와 귀리를 함께 넣으면 혈당 상승을 완만하게 조절하고 포만감도 오래 유지할 수 있어요.

통곡물	잎채소	채소	견과·씨앗	콩류	베리류	가금류	생선	올리브유
✔		✔		✔	✔			

콜리플라워(꽃 부분) 30g
딸기 80g
바나나 1개(100g)
귀리 1/2~1큰술(익힌 귀리 1~2큰술)
무가당 두유 1컵

만들기

1. 콜리플라워는 깨끗이 씻은 뒤 작게 송이를 나눈다. 부드러운 맛을 원한다면 끓는 물에 30초 정도 데쳐 식혀 둔다.

2. 딸기는 흐르는 물에 씻은 뒤 꼭지를 자르고 2~3등분 한다. 냉동 딸기는 '과채 가공품'이면 해동 후 사용하고, '농수산물'이면 세척 후 사용한다.

3. 바나나는 껍질을 벗기고 2~3등분 한다.

4. 귀리는 깨끗이 씻어 물에 충분히 불린 후 푹 삶아서 식힌다.
    └ 미리 만들어 냉동 보관해 두면 간편하다.

5. 모든 재료를 블렌더에 넣고 두유로 농도를 조절해가며 곱게 간다.

베리너트 그린 스무디

딸기·바나나·시금치 등의 채소와 과일, 호두·귀리 등의 견과류와 곡물을 더해 새콤하면서 고소한
풍미가 자연스럽게 어우러진 건강한 그린 스무디를 만들었어요. 호두는 뇌세포를 보호하는 오메가-3
지방산이 풍부해요.

통곡물	잎채소	채소	견과·씨앗	콩류	베리류	가금류	생선	올리브유
✔	✔		✔	✔	✔			

딸기 100g
바나나 1/2개
시금치 30g
귀리 1/2~1큰술 (익힌 귀리 1~2큰술)
호두 3알
무가당 두유 1컵(200mL)

만들기

1. 딸기는 흐르는 물에 씻은 뒤 꼭지를 자르고 2~3등분 한다. 냉동 딸기는 '과채 가공품'이면 해동 후 사용하고, '농수산물'이면 세척 후 사용한다.

2. 바나나는 껍질을 벗기고 2~3등분 한다.

3. 시금치는 억센 줄기를 제거하고 흐르는 물에 2~3번 흔들어 씻는다.

4. 귀리는 깨끗이 씻어 물에 충분히 불린 후 푹 삶아서 식힌다.
   └ 미리 만들어 냉동 보관해 두면 간편하다.

5. 호두는 껍질을 제거한다. 쓴맛이 민감할 경우 가볍게 볶거나 물에 20~30분 불려 사용한다.
   └ 호두를 뜨거운 물에 담근 다음 이쑤시개로 껍질을 떼어내면 쉽게 제거할 수 있다.

6. 모든 재료를 블렌더에 넣고 두유로 농도를 조절해가며 곱게 간다.

요리가 쉬워지는 재료 손질법

귀리 등 통곡물

1. 깨끗이 씻어 찬물에 4시간 이상 불려요.

2. 물을 넉넉히 붓고 15~20분 정도 삶으면 부드럽게 돼요.

3. 소분해 냉동 보관하면 필요할 때 간편하게 조리할 수 있어요.

아몬드, 호두, 피스타치오 등 견과류

뜨거운 물에 담갔다가 이쑤시개를 이용해 껍질을 벗거요.

마른 팬에 살짝 볶으면 비린 맛이 없어지고 고소해져요.

20~30분 정도 물에 불려서 갈면 좀 더 부드럽게 갈 수 있어요.

콩류

1. 깨끗이 씻은 후 재료가 잠길 정도의 물에 충분히 삶아요.

2. 삶은 콩은 물에 헹구지 말고 그대로 체에 밭쳐 식혀요.

아마씨, 치아씨드 등 씨앗류

10분 정도 물에 담가 부드럽게 불려요. 치아씨드는 불리면 젤 형태가 돼서 소화가 잘돼요.

잎이 많은 채소 손질 시 주의 사항

잎채소는 표면적이 넓고 조직이 연해 외부 오염에 노출되기 쉬운 식재료입니다. 또한 잎 사이에 흙, 벌레, 농약 잔류물이 끼기 쉬워 손질 단계가 특히 중요합니다. 다음 주의 사항을 지키면 잎채소를 더 안전하고 신선하게 즐길 수 있습니다.

1. 겉잎 제거는 가장 먼저

잎채소의 가장 바깥쪽 잎은 먼지·흙·미생물에 가장 많이 노출되는 부분입니다. 시든 잎이나 거무스름해진 잎은 세균이 증식했을 가능성이 높으므로 바로 제거하는 것이 좋습니다. 또 잎을 통째로 씻으면 잎 사이 틈에 숨어 있는 이물질이 제거되지 않는 경우가 많으므로 밑동을 잘라내고 반드시 분리 후 세척하는 것이 안전합니다.

2. 흐르는 물로 여러 번 흔들어 씻기

잎채소는 흐르는 물에서 흔들어 씻는 방식이 가장 효과적입니다. 잔류 농약은 '흐르는 물 세척'이 가장 잘 제거해 주고, 미세 흙도 물속에서 흔들어야 잘 빠져나옵니다.

3. 물에 오래 담근 후 세척하는 것은 금물

물에 오래 담가두는 것은 영양소 손실을 키우기 때문에 피해야 합니다. 특히 시금치, 상추처럼 수용성 영양소가 많은 잎채소는 물에 오래 담가두면 비타민 C, 비타민 B군이 물에 녹아 나갑니다. 또한 잎이 물을 머금어 쉽게 무르고 식감이 떨어지기 때문에 빠른 시간에 세척 후 바로 헹구는 것이 좋아요.

4. 물기 제거는 꼼꼼하게

잎채소는 물기를 얼마나 잘 제거하느냐에 따라 맛이 크게 달라집니다. 특히 샐러드용으로 사용할 때는 물이 남아 있으면 드레싱이 묽어지고 맛의 균형이 무너지고, 남은 수분으로 인해 보관 중에도 쉽게 물러질 수 있습니다. 샐러드 스피너를 사용하거나 키친타월로 부드럽게 눌러 물기를 제거하면 가장 좋습니다.

5. 물기 제거 후 0~4℃에 냉장 보관

남은 잎채소는 물기가 남아 있지 않은 상태에서 보관해야 합니다. 물기가 조금이라도 있으면 상하기 쉽고 미생물 증식이 빨라집니다. 밀폐용기나 지퍼백에 넣되, 내부에 약간의 공기 순환이 가능하도록 완전 밀봉은 피하는 것이 좋습니다. 키친타월을 깔고 잎을 올린 뒤 살짝 덮어 0~4℃에 냉장 보관하면 잎채소의 신선도를 더 오래 유지할 수 있습니다.

Part 2

두뇌를 살리는 **마인드 샐러드**

샐러드는 가볍지만 양질의 영양을 균형 있게 챙길 수 있는 훌륭한 한 끼입니다. 채소와 과일을 생으로 먹으면 조리 과정에서 손실되기 쉬운 비타민·엽산 같은 항산화 성분을 그대로 섭취할 수 있어 뇌세포를 보호하는 데 효과적이에요.
항산화 영양소는 보충제보다 음식으로 먹을 때 흡수율이 더 높으니, 건강한 드레싱과 함께 맛과 영양을 모두 챙겨보세요.

방울토마토 그린 샐러드

시금치와 방울토마토에는 비타민 C와 베타카로틴 같은 항산화 영양소가 풍부해 세포 보호에 도움이 됩니다. 특히 시금치는 비타민 K까지 많이 들어 있어 인지기능과 뇌 건강을 위해 자주 이용하면 좋아요.

통곡물	잎채소	채소	견과·씨앗	콩류	베리류	가금류	생선	올리브유
	✔	✔	✔				✓	

· 들기름과 들깻가루에는 생선을 통해 섭취 권장하는 오메가-3 지방산 함량이 높습니다.　　대체 함유

재료 (1인분)

어린 시금치(또는 어린잎채소) 30g
방울토마토 4~5개(50g)
삶은 달걀 1개

드레싱
들깻가루 1큰술
들기름 1작은술
식초 1작은술
소금 조금

만들기

1. 시금치는 흐르는 물에 씻어 물기를 제거한다.

2. 방울토마토는 4등분 한다.

3. 달걀은 삶아 반 자르거나 4등분 한다.

4. 들기름과 식초를 섞은 후, 들깻가루를 넣고 소금을 조금 넣어 드레싱을 만든다.

5. 채소를 접시에 올리고 드레싱으로 살살 버무린 뒤 달걀을 가지런히 얹는다.

두부 미역 샐러드

두부의 담백한 맛과 미역의 바다 향, 새콤 고소한 드레싱이 어우러져 입맛을 돋워주는 샐러드입니다.
미역은 포만감을 주는 저칼로리 식품으로, 푸코이단·알긴산 같은 성분이 항산화·항염 작용을 해 뇌
세포 보호에 도움을 줘요.

통곡물	잎채소	채소	견과·씨앗	콩류	베리류	가금류	생선	올리브유
		✔		✔				✓

• 참기름은 다른 식물성 기름에 비해 올리브유 주성분인 올레산의 비율이 높습니다.

대체 함유

재료 (1인분)

두부 1/4모 (75g)
불린 미역 30g
오이 50g
양파 30g

드레싱
간장 1작은술
식초 1작은술
참기름 1작은술

만들기

1. 두부는 한입 크기로 깍둑썰기한다.

2. 불린 미역은 먹기 좋게 자른 다음 끓는 물에 살짝 데쳐서 체에 밭쳐 물기를 빼둔다.

3. 오이와 양파는 채 썬다.

4. 분량의 간장, 식초, 참기름을 섞어 드레싱을 만든다.

5. 손질한 재료를 한데 담고 ④의 드레싱을 넣어 버무린다.

연어 아보카도 샐러드

연어는 오메가-3 지방산이 풍부해 뇌세포 막을 건강하게 유지하고 항염 효과가 있는 대표적인 식품
이에요. 아보카도에는 인지기능에 중요한 올레산과 비타민 E가 많이 들어 있어 연어와 함께 샐러드
를 만들면 뇌 건강을 돕는 영양 조합이 완성됩니다.

통곡물	잎채소	채소	견과·씨앗	콩류	베리류	가금류	생선	올리브유
	✔						✔	✔

만들기

1. 연어는 한입 크기로 자른다.

2. 아보카도는 반 갈라 씨를 제거한 다음 과육만 0.5cm 정도의 두께로 썬다.

3. 채소는 흐르는 물에 깨끗이 씻어 물기를 제거한 다음 접시에 담는다.

4. 연어와 아보카도, 채소를 접시에 담고 레몬즙과 후춧가루, 올리브유를 뿌린다.

곤드레 그레인 샐러드

곤드레나물과 깻잎에는 플라보노이드가 많이 들어 있어 세포를 보호하고 염증 부담을 줄이는 데 도움이 돼요. 여기에 카로티노이드가 풍부한 파프리카까지 더해져 뇌와 혈관 건강을 위한 샐러드로 즐기기 좋아요.

MIND 재료

통곡물	잎채소	채소	견과·씨앗	콩류	베리류	가금류	생선	올리브유
✓	✓	✓		✓				✓

• 참기름은 다른 식물성 기름에 비해 올리브유 주성분인 올레산의 비율이 높습니다.　　　대체 함유

곤드레나물 100g (삶은 곤드레나물 30g)
잡곡밥 1/2공기 (100g)
파프리카 40g
깻잎 2장

드레싱
간장 1작은술
참기름 1작은술

만들기

1. 말린 곤드레나물은 물에 불렸다가 삶아서 찬물에 여러 번 헹궈 이물질을 제거한 다음 물기를 꼭 짜서 먹기 좋은 크기로 자른다.

   └ 삶아서 냉동 또는 진공 상태로 판매하는 것을 구입하면 편리하다.

2. 현미, 보리, 콩 등 곡물을 원하는 대로 섞어 넣고 잡곡밥을 지은 후 식힌다.

3. 파프리카는 속과 씨를 제거하고, 깻잎은 흐르는 물에 깨끗이 씻어 각각 채 썬다.

4. 모든 재료를 접시에 담고 간장 드레싱을 넣어 버무린다.

김치 퀴노아 그린믹스 샐러드

각종 비타민과 카로티노이드가 풍부한 케일, 유산균이 풍부한 김치에 퀴노아로 영양을 더한 한식 샐러드입니다. 퀴노아는 퀘르세틴, 캠페롤 같은 플라보노이드가 많아 세포를 젊게 유지할 수 있는 건강 식재료입니다.

통곡물	잎채소	채소	견과·씨앗	콩류	베리류	가금류	생선	올리브유
✔	✔	✔						✔

• 참기름은 다른 식물성 기름에 비해 올리브유 주성분인 올레산의 비율이 높습니다.

대체 함유

퀴노아 60g
김치 60g
오이 30g
케일잎 2장
청양고추 조금

드레싱
참기름 1작은술

만들기 ─────────────

1. 퀴노아는 깨끗이 비벼 씻어 여러 번 헹군 후 삶아서 식힌다.

2. 김치는 익은 것으로 준비해 속을 털어내고 잘게 썬다.

3. 오이와 케일은 채 썰고, 청양고추는 씨를 제거하고 가늘게 송송 썬다.

4. 모든 재료를 한데 담고 참기름을 넣어 골고루 버무린다.

쌈채소 견과 샐러드

근대와 상추, 치커리는 베타카로틴과 비타민 K 같은 항산화 영양소가 풍부해 세포 보호와 뇌 건강에
도움이 되는 잎채소예요. 호두, 아몬드가 들어간 유자 드레싱을 곁들여 고소한 맛과 함께 뇌 건강에
좋은 영양까지 균형을 이룬답니다.

통곡물	잎채소	채소	견과·씨앗	콩류	베리류	가금류	생선	올리브유
	✔		✔					✔

샐러드 채소 60g (적근대, 상추, 치커리)

드레싱
호두·아몬드 혼합 5g씩
유자청 1큰술
올리브유 1작은술

만들기

1. 적근대, 상추, 치커리는 흐르는 물에 깨끗이 씻은 후 먹기 좋은 크기로 썬다.

2. 호두와 아몬드 등 견과류는 적당히 부순다.

3. 부순 견과류에 유자청과 올리브유를 섞어 드레싱을 만든다.

4. 손질한 채소를 접시에 섞어 담고 드레싱을 끼얹는다.

버섯 베이비그린 샐러드

표고버섯은 비타민 D와 구리, 셀레늄 같은 항산화 미네랄이 들어 있어 세포 보호와 면역기능에 도움
이 되는 식재료예요. 방울토마토와 어린잎채소를 더해 상큼한 맛을 살리고, 참깨 드레싱으로 고소한
맛을 살린 샐러드입니다.

통곡물	잎채소	채소	견과·씨앗	콩류	베리류	가금류	생선	올리브유
	✔	✔	✔					

재료 (1인분)

표고버섯 50g
어린잎채소 30g
방울토마토 3개(30g)

드레싱
시판 참깨 드레싱 1큰술

만들기

1. 표고버섯은 밑동을 제거한 다음 모양을 살려 얇게 썬다.

2. 팬을 달군 후 썰어둔 표고버섯을 굽는다.
   └ 기름을 두르지 않고 마른 팬에 굽는다.

3. 어린잎채소는 씻어 물기를 제거하고 방울토마토는 반으로 자른다.

4. 버섯, 채소, 방울토마토를 접시에 담고 참깨 드레싱을 넣어 버무린다.

삼치구이 샐러드

삼치는 오메가-3 지방산이 풍부한 등푸른 생선으로, 뇌세포 막을 건강하게 유지하고 산화 스트레스를 낮추는 데 도움이 돼요. 주 2회, 100g씩만 먹어도 권장량을 충족할 수 있으며, 인지기능과 관련된 비타민 D도 풍부해 뇌 건강 식단에 활용하기 좋아요.

통곡물	잎채소	채소	견과·씨앗	콩류	베리류	가금류	생선	올리브유
		✔					✔	✓

• 참기름은 다른 식물성 기름에 비해 올리브유 주성분인 올레산의 비율이 높습니다.

대체 함유

삼치살 50g
오이 40g
적양파 30g
구운 김 1장

드레싱
참기름 1작은술
식초 1작은술

만들기

1. 삼치는 구워 가시를 제거하고 살만 먹기 좋은 크기로 바른다.

2. 오이는 깨끗이 씻어 어슷하게 저민 후 채 썰고, 적양파도 채 썬다.

3. 삼치와 채소를 접시에 담고 드레싱을 넣어 버무린다.

4. 가위로 김을 가늘게 잘라 위에 올린다.
   └ 김은 눅눅해지기 쉬우니 부숴서 위에 뿌려도 좋다.

브로콜리 달걀 샐러드

브로콜리와 달걀은 항염에 도움이 되는 피토케미컬과 필수 아미노산을 균형 있게 즐길 수 있는 조합이에요. 일반 토마토보다 리코펜 농도가 높은 방울토마토를 곁들이고 로메인 상추를 추가해 항산화 효과가 더욱 높아졌어요.

통곡물	잎채소	채소	견과·씨앗	콩류	베리류	가금류	생선	올리브유
	✔	✔						✔

만들기

1. 브로콜리는 깨끗이 씻어 작은 송이로 나눈 후 끓는 물에 살짝 데쳐 물기를 턴다.

2. 방울토마토는 씻어 반으로 자른다. 로메인 상추는 씻어 물기를 턴 다음 먹기 좋은 크기로 자른다.

3. 달걀은 삶아 2등분 또는 4등분 한다.

4. 브로콜리, 방울토마토, 로메인을 접시에 담고 올리브유를 뿌려 고루 섞은 후 달걀을 올린다.

닭가슴살 도라지 샐러드

닭가슴살에 쌉쌀한 도라지와 달콤한 사과를 더해 새콤 달콤한 드레싱으로 버무린 샐러드입니다. 도라지에 풍부한 사포닌 성분이 항산화와 항염 작용을 해 뇌신경 세포를 보호하는 데 도움이 돼요.

MIND 재료

통곡물	잎채소	채소	견과·씨앗	콩류	베리류	가금류	생선	올리브유
	✔	✔	✔			✔		

만들기

1. 닭가슴살은 삶은 후 결대로 찢어 준비한다.
   └ 청주와 통후추를 넉넉히 넣고 삶으면 누린내가 나지 않는다.

2. 도라지는 소금으로 주물러가며 여러 번 헹구어 아린 맛을 뺀 후 먹기 좋은 크기로 자른다.
   └ 굵은 것은 2~3번 쪼개서 굵기를 고르게 하면 좋다.

3. 사과는 깨끗이 씻어서 껍질째 채 썰고, 당근은 필러로 껍질을 벗겨 채 썬다.

4. 어린잎채소는 찬물에 담가 부드럽게 흔들어 흙과 먼지를 제거한 다음 마지막에 흐르는 물로 헹궈 물기를 빼 둔다.

5. 호두, 꿀, 식초, 레몬즙을 모두 섞어 드레싱을 만든다.

6. 모든 재료를 접시에 담고 준비한 드레싱을 얹어 버무린다.

해초 오이 샐러드

미역과 다시마는 포만감이 좋고 칼로리가 낮은 해조류로, '푸코이단'이라는 다당체 성분을 포함하고 있어요. 푸코이단은 세포를 산화 스트레스로부터 보호하는 작용을 해 세포 손상이나 노화 과정을 늦추는 데 도움이 돼요.

통곡물	잎채소	채소	견과·씨앗	콩류	베리류	가금류	생선	올리브유
		✔						✔

재료 (1인분)

미역 줄기 30g
생다시마 30g
오이 40g
양파 30g

드레싱
매실청 1작은술
식초 1작은술
올리브유 1작은술

만들기

1. 미역 줄기는 여러 번 주물러가며 씻은 후 찬물에 30분 정도 담가 짠맛을 뺀다.
   └ 중간중간 맛을 봐가면서 시간을 조절한다.

2. 짠맛을 어느 정도 빠지면 끓는 물에 데쳐서 찬물에 헹궈 건진 후 먹기 좋은 크기로 썬다.

3. 다시마는 물에 흔들어 씻은 후 데쳐서 찬물에 헹궈 건진다. 물기가 빠지면 먹기 좋은 크기로 썬다.

4. 오이는 반 갈라 어슷 썰고 양파는 채 썬다.

5. 매실청과 식초, 올리브유를 섞어 드레싱을 만든다.

6. 미역 줄기와 다시마, 채소를 고루 섞은 후 드레싱을 넣어 버무린다.

양배추 샐러드

청국장의 구수한 맛과 아삭한 식감의 양배추가 어우러져 색다른 맛을 내는 샐러드입니다. 대두와 대두 가공식품은 노년기에 부족하기 쉬운 단백질을 보충하는 데 좋을 뿐만 아니라 이소플라본이 풍부해 인지기능을 유지하는 데 도움을 줘요.

통곡물	잎채소	채소	견과·씨앗	콩류	베리류	가금류	생선	올리브유
		✔		✔				✔

양배추 50g
당근 30g
오이 30g

드레싱
청국장 1큰술
올리브유 1작은술
식초 1큰술

만들기

1. 양배추와 당근, 오이는 깨끗이 씻은 다음 물기를 제거한다.

2. 양배추와 당근, 오이는 먹기 좋은 크기로 채 썬다.

3. 청국장과 올리브유, 식초를 잘 섞어 청국장 드레싱을 만든다.

4. 채 썬 채소에 드레싱을 넣고 골고루 버무린다.

케일 오렌지 샐러드

케일의 은은한 쌉쌀한 맛에 오렌지의 상큼한 과즙이 더해져 산뜻하게 즐길 수 있는 샐러드예요. 케일에는 베타카로틴, 퀘르세틴, 캠페롤 같은 항산화 성분이 풍부해 세포를 보호하고 활력을 유지하는 데 도움이 됩니다.

MIND 재료

통곡물	잎채소	채소	견과·씨앗	콩류	베리류	가금류	생선	올리브유
	✔		✔					✔

케일 40g
오렌지 (또는 귤) 80g

드레싱
호두 5g
발사믹 식초 1작은술
올리브유 1작은술

만들기

1. 케일은 흐르는 물에 씻어 물기를 제거한 후 먹기 좋은 크기로 썬다.

2. 오렌지는 껍질을 벗기고 쪽을 하나씩 떼어낸다.

3. 호두는 잘게 다져서 식초, 올리브유와 섞어 드레싱을 만든다.

4. 케일과 오렌지를 접시에 담고 호두 드레싱을 뿌린다.

가지구이 샐러드

가지와 적양파에는 항산화·항염 작용을 하는 안토시아닌이 풍부하게 들어 있어 면역기능을 좋게 하는 효과가 있어요. 적양파는 일반 양파보다 은은한 단맛과 향이 살아 있어 샐러드에 자연스러운 감칠맛을 더해줘요.

통곡물	잎채소	채소	견과·씨앗	콩류	베리류	가금류	생선	올리브유
		✔						✔

만들기

1. 가지는 깨끗이 씻어 어슷하게 썬 후 마른 팬에 노릇하게 구워 식힌다.
   └ 너무 큰 것은 먹기 좋게 반 자른다.

2. 어린잎채소는 흐르는 물에 씻어 물기를 제거한다.

3. 적양파는 채 썰고 방울토마토는 반으로 자른다.

4. 접시에 구운 가지와 채소, 양파, 방울토마토를 보기 좋게 담고 바질 드레싱을 뿌린다.

깻잎 믹스 빈 샐러드

단단하면서 고소한 맛을 가진 병아리콩과 단맛을 내는 완두콩, 고소한 들깻가루가 어우러져 깊은 풍미를 내는 영양 샐러드입니다. 향긋한 깻잎과 들기름을 함께 버무려 영양은 올리고 맛은 더해 보세요.

통곡물	잎채소	채소	견과·씨앗	콩류	베리류	가금류	생선	올리브유
	✔	✔	✔	✔			✓	

• 들기름과 들깻가루에는 생선을 통해 섭취 권장하는 오메가-3 지방산 함량이 높습니다.　　　　대체 함유

병아리콩 20g
완두콩 40g
깻잎 3장
당근 20g

드레싱
들깻가루 1큰술
들기름 1큰술
간장·식초 조금씩

만들기

1. 병아리콩과 완두콩은 삶아 준비한다.

2. 깻잎은 흐르는 물에 씻은 후 물기를 털고 적당한 크기로 채 썬다

3. 당근은 채 썬다.

4. 들깻가루에 분량의 들기름, 간장, 식초를 섞어 드레싱을 만든다.

5. 손질한 재료에 드레싱을 넣어 함께 버무린다.

고구마 루콜라 샐러드

탄수화물 식품이면서 항산화 비타민과 칼륨이 듬뿍 들어 있는 고구마에 비타민과 베타카로틴이 풍부한 루콜라로 만든 에너지 샐러드입니다. 고구마의 담백함과 루콜라의 향이 어우러져 가볍고 간편하게 즐길 수 있어요.

통곡물	잎채소	채소	견과·씨앗	콩류	베리류	가금류	생선	올리브유
	✔				✔			✔

만들기

1. 고구마를 깨끗이 씻어 껍질째 쪄서 식힌 후 먹기 좋은 크기로 자른다.

2. 루콜라는 흐르는 물에 씻어 물기를 제거한 후 적당한 크기로 자른다.

3. 고구마, 루콜라를 접시에 담고 크랜베리를 올린 후 올리브유를 뿌린다.

율무 콩나물 샐러드

콩나물에 비타민 C가 많은 파프리카와 칼륨이 풍부한 오이를 더해 아삭하게 즐길 수 있는 샐러드입니다. 콩나물은 인지기능과 관련된 이소플라본이 풍부하고, 율무에는 항산화 성분이 많아 뇌 건강을 챙기기 좋아요.

통곡물	잎채소	채소	견과·씨앗	콩류	베리류	가금류	생선	올리브유
✔		✔	✔					✓

• 참기름은 다른 식물성 기름에 비해 올리브유 주성분인 올레산의 비율이 높습니다.

대체 함유

재료 (1인분)

율무 30g
콩나물 60g
오이 40g
파프리카 30g

드레싱
깨소금 1작은술
참기름 1작은술
간장 1작은술
식초 1작은술

만들기

1. 율무는 부드럽게 삶은 후 식혀 준비한다.

2. 콩나물은 삶아서 식힌 후 물기를 뺀다.

3. 오이, 파프리카는 씻어 물기를 제거한 후 채 썬다.

4. 분량의 드레싱 재료를 모두 섞어 참깨 드레싱을 만든다.

5. 손질한 재료를 접시에 담고 참깨 드레싱을 넣어 버무린다.

참치 채소 샐러드

참치는 오메가-3 지방산이 풍부해 뇌세포 막을 건강하게 유지하고 염증 반응을 완화하는 데 도움이
되는 생선이에요. 들기름에도 오메가-3 지방산이 들어 있어 참치와 함께 곁들이면 영양을 균형 있게
더할 수 있어요.

통곡물	잎채소	채소	견과·씨앗	콩류	베리류	가금류	생선	올리브유
	✔	✔	✔	✔			✔	

재료 (1인분)

참치회 80g
혼합 잎채소
(상추, 치커리, 적채, 깻잎 등) 60g
오이 30g
당근 20g
병아리콩 30g

드레싱
들기름 1작은술
들깻가루 1 큰술
식초 1작은술
소금, 후춧가루 조금씩

만들기

1. 참치회는 한입 크기로 썬다.
2. 잎채소는 흐르는 물에 씻어 물기를 제거한 후 먹기 좋은 크기로 썬다.
3. 오이와 당근은 깨끗이 씻어 채 썬다.
4. 병아리콩은 삶아서 준비한다.
5. 들기름, 들깻가루, 식초를 골고루 섞어 드레싱을 만든다.
6. 손질한 채소와 삶은 콩, 참치를 접시에 담고 그 위에 드레싱을 골고루 뿌린다.

훈제 오리 된장 샐러드

마인드 식단에서는 뇌 건강을 위해 붉은 육류보다 가금류 같은 흰색 육류를 더 권장해요. 오리고기
는 지방 구성과 영양 균형이 좋아 뇌세포를 보호하는 데 도움이 됩니다. 인지기능을 유지하고 싶다면
오리고기를 식단에 자연스럽게 활용해보세요.

통곡물	잎채소	채소	견과·씨앗	콩류	베리류	가금류	생선	올리브유
✔	✔	✔		✔		✔		✔

• 참기름은 다른 식물성 기름에 비해 올리브유 주성분인 올레산의 비율이 높습니다.　　　　　대체 함유

훈제 오리 60g
보리 30g
오이 30g
쌈 채소 50g

드레싱
된장 1작은술
매실액 1작은술
참기름 1/2작은술

만들기 ────────────

1. 훈제 오리는 살짝 구워 기름기를 제거한다.

2. 보리는 부드럽게 삶은 다음 식혀서 준비한다.

3. 오이는 씻어서 반 갈라 저며 썰고, 쌈 채소는 씻어서 먹기 좋은 크기로 자른다.

4. 된장, 참기름, 매실액을 잘 섞어 된장 드레싱을 만든다.

5. 모든 재료를 함께 담고 드레싱을 끼얹어 골고루 버무린다.

연근 들깨 샐러드

향긋한 들깻가루와 깻잎에 아삭한 연근과 오이가 더했어요. 연근에는 폴리페놀 같은 항산화 성분이
풍부해 세포 보호에 도움이 됩니다. 가벼운 오이와 함께 버무리면 하루의 영양소를 균형 있게 채우면
서 산뜻하게 즐길 수 있어요.

통곡물	잎채소	채소	견과·씨앗	콩류	베리류	가금류	생선	올리브유
	✔	✔	✔				✓	✓
							대체 함유	대체 함유

• 들깻가루에는 생선을 통해 섭취 권장하는 오메가-3 지방산 함량이 높습니다.
• 참기름은 다른 식물성 기름에 비해 올리브유 주성분인 올레인의 비율이 높습니다.

연근 60g
오이 30g
깻잎 3장

드레싱
들깻가루 1작은술
참기름 1작은술
식초 1작은술
소금 조금
알룰로스 1/3 작은술

만들기

1. 연근은 0.5~1cm 두께로 썬 다음, 끓는 물에 식초와 소금을 조금 넣고 데쳐서 식힌다.

2. 오이와 깻잎은 깨끗이 씻은 후 가늘게 채 썬다.

3. 들깻가루, 참기름, 식초, 소금, 알룰로스를 섞어 드레싱을 만든다.

4. 손질한 재료를 접시에 담고 준비한 들깨 드레싱을 넣어 골고루 버무린다.

바르게 세척하기

손은 자주, 그리고 올바르게 씻으세요

비누를 사용해 최소 20초 이상 꼼꼼하게 손을 씻으세요. 특히 다음의 경우에는 반드시 손을 씻어야 합니다.

- 요리를 시작하기 전
- 날고기 만진 후
- 다른 식재료를 만질 때
- 음식 준비를 모두 마친 후

교차 오염을 방지하세요

- 날고기와 채소·과일용 도마는 구분해서 사용하세요.
- 칼도 고기와 채소, 과일용을 따로 사용하는 것이 좋지만 번거롭다면 사용 전후 꼼꼼히 세척하고 소독하세요.
- 과일과 채소는 도마에 올려놓기 전에 반드시 씻어야 도마에 세균이 옮겨붙는 것을 막을 수 있습니다.
- 사용한 도마와 칼은 뜨거운 물과 비누로 세척하고, 칼집이 많은 도마는 교체하는 것이 좋습니다.
- 조리 전후에는 조리대와 조리대 주변도 깨끗이 닦고 소독해 주세요.

주방을 청결하게 관리하세요

- 싱크대, 조리대, 냉장고 서랍과 손잡이는 비누와 물로 자주 닦아 깨끗이 유지하세요.
- 수세미는 일주일에 한 번 이상 소독하거나 교체하세요. 전자레인지에 1~2분간 가열하거나 식기세척기의 고온 건조 코스를 활용하면 좋아요. 셀룰로오스 스펀지는 물 반 컵에 담가 전자레인지에서 2분간 가열하세요.

과일과 채소는 반드시 세척하세요 (단, '세척 완료' 표기가 있는 제품은 제외)

- 채소는 겉잎뿐 아니라 속이 꽉 찬 작은 잎까지 빠짐없이 깨끗이 씻어주세요.
- 찬물에 담가 흔들어 씻고, 몇 분간 물에 담가두었다가 이물질을 가라앉힌 후 헹구세요.
- 시금치처럼 잎이 부드러운 채소는 물에 흔들어 씻고 담그는 과정을 2~3번 반복하는 것이 좋아요.

채소, 과일 세척하기

깻잎·상추 물에 5분 정도 담갔다가 흐르는 물로 씻으세요.

배추 겉잎을 2~3장 떼어내고 흐르는 물로 씻으세요.

오이 흐르는 물에서 표면을 문질러 씻은 후, 굵은소금으로 문질러 다시 헹구는 것이 좋아요

포도 송이째 1분 정도 물에 충분히 담갔다가 흐르는 물로 헹구세요.

딸기 1분 정도 물에 충분히 담갔다가 흐르는 물로 30초 정도 헹구세요.

사과 흐르는 물에 깨끗이 씻어서 껍질째 먹는 것이 좋아요. 단, 꼭지 주변은 농약이 남아있을 수 있으므로 잘라내고 먹는 것이 좋아요.

바르게 보관하기

음식 온도를 제대로 관리하세요

- 뜨거운 음식은 60℃ 이상, 차가운 음식은 4℃ 이하, 냉동식품은 –18℃ 이하를 유지해야 합니다.
- 4~60℃ 사이는 세균이 빠르게 증식할 수 있는 위험 온도 구간입니다.
- 조리된 음식은 실온에 2시간 이상 두지 말고, 여름철에는 1시간을 넘기지 마세요.
- 냉장고 온도는 항상 4℃ 이하로 유지하세요.

뜨거운 음식은 이렇게 냉장 보관하세요

- 뜨거운 음식은 작고 얕은 용기에 나누어 담고, 빠르게 식혀서 보관하세요.
- 용기에 담은 후, 냉장고의 가장 아래쪽과 안쪽(냉기가 나오는 차가운 부분)에 넣어 보관하세요.

해동은 반드시 냉장고에서 하세요

- 냉장고에서 하룻밤 동안 해동하거나, 전자레인지 해동 기능을 사용하세요.
- 상온 해동은 안전하지 않으므로 피하는 것이 좋아요.

냉장고는 너무 가득 채우지 마세요

- 냉기가 잘 순환할 수 있도록 빈 공간을 남겨두는 것이 좋습니다.
- 주 1회 이상 냉장고를 점검해 유통기한이 지난 음식은 정리하세요.

고위험군에 권장하는 식품 안전 수칙

식품 안전은 장을 볼 때부터 시작해서 조리하고 음식을 보관하는 모든 과정에서 꼭 지켜야 할 기본입니다. 누구에게나 중요한 일이지만, 특히 영유아나 노인, 면역기능이 떨어진 사람일수록 더 신경 써야 해요. 노약자의 경우 식중독이 발생했을 때 더 심각한 결과가 나타날 수 있기 때문입니다.

- 해산물, 육류, 가금류, 달걀 등은 반드시 충분히 익혀 드세요.
- 새싹채소나 비살균 주스는 가능한 한 피하세요.

두뇌를 살리는 마인드 한 그릇 요리

밥과 반찬이 있는 매일 상차림은 의외로 많은 노력과 정성이 필요해요. 건강식을 시작하려고 마음먹어도 과정이 번거로우면 오래 이어가기 어려운 게 사실입니다. 여기에서는 한 그릇으로 영양과 맛을 모두 담아낼 수 있는 일품식 레시피를 소개합니다. 부담 없이 만들 수 있어 건강한 식단을 꾸준히 유지하는 데 큰 도움이 될 거예요.

양송이 루콜라 파스타

양송이버섯은 비타민 D와 셀레늄이 풍부해 염증을 낮추고 신경을 보호하는 데 도움이 됩니다. 통밀은 혈당을 서서히 올리면서 뇌에 필요한 에너지를 공급해줘요. 여기에 루콜라와 다진 호두를 올려 담백하고 깔끔한 파스타를 완성했어요.

MIND 재료

통곡물	잎채소	채소	견과·씨앗	콩류	베리류	가금류	생선	올리브유
✔	✔	✔	✔					✔

통밀 파스타 70g
양송이버섯 5~6개
루콜라 한 줌
다진 마늘 1/2큰술
올리브유 2큰술
소금·후춧가루 조금씩
다진 호두 2큰술
레몬즙 1큰술

만들기

1. 통밀 파스타는 삶아 체에 받쳐 물기를 뺀다. 이때 면 삶은 물 1/3컵은 남겨둔다.

2. 양송이버섯은 모양을 살려 얇게 썰고, 루콜라는 씻은 후 먹기 좋은 크기로 잘라둔다.

3. 팬에 올리브유을 두르고 다진 마늘을 볶아 향을 낸다.

4. ③의 팬에 양송이버섯을 넣고 볶다가 파스타 면과, 파스타 삶은 물을 넣고 볶는다. 이때 소금과 후춧가루로 간을 한다.

5. 접시에 완성한 파스타를 담고, 다진 호두와 레몬즙을 뿌린 후 루콜라를 듬뿍 올린다.

닭가슴살 현미 김밥

김밥은 다양한 영양소를 한 번에 맛있게 즐길 수 있는 대표적인 음식이에요. 닭가슴살은 기억력·집
중력에 필요한 양질의 단백질을 제공하고, 현미밥과 채소에는 뇌세포를 보호해주는 항산화 성분이
풍부하게 들어 있어 균형 잡힌 한 끼로 손색이 없어요.

통곡물	잎채소	채소	견과·씨앗	콩류	베리류	가금류	생선	올리브유
✔	✔	✔	✔			✔		✔

현미밥 120g
닭가슴살 40g
시금치 90g
당근 20g
김치 20g
김 1장
참기름 1작은술
깨소금 1작은술
소금 · 올리브유 조금씩

만들기

1. 현미밥에 소금과 참기름, 깨소금을 넣어 골고루 섞는다.

2. 닭가슴살은 구운 후 결대로 찢는다.
   └ 시판 조리된 닭가슴살을 사용하는 것도 좋다.

3. 시금치는 데친 후 물기를 꼭 짜고 소금으로 간한다.

4. 당근은 가늘게 채 썰어 올리브유를 두른 팬에 소금간해서 볶은 다음 식힌다.

5. 김치는 소를 털어내고 물기를 꼭 짜서 가늘게 찢는다.

6. 김 위에 양념한 현미밥을 고르게 펴고 준비한 재료를 올린 다음 단단히 말아 먹기 좋게 썬다.

닭고기 단호박 카레덮밥

카레의 주성분인 커큐민은 알츠하이머와 관련된 염증을 억제하는 기능이 있어 뇌 건강 식단에서 권
장하는 재료입니다. 당근과 단호박 역시 노화와 염증 반응을 낮추는 항산화 성분이 풍부해 건강식
재료로 자주 이용하면 좋아요.

통곡물	잎채소	채소	견과·씨앗	콩류	베리류	가금류	생선	올리브유
✓		✓				✓		✓

재료 (1인분)

현미밥 120g
닭가슴살 80g
단호박 40g
양파 50g
당근 30g
다진 마늘 1큰술
카레가루 1큰술 (무가당, 저염)
올리브유 1큰술
후춧가루 조금
물 100mL

만들기

1. 닭가슴살은 냄새 없이 삶아 먹기 좋은 크기로 깍뚝썰기한다.

2. 단호박은 껍질째 깍뚝썰기하고, 양파와 당근도 먹기 좋은 크기로 깍뚝썬다.

3. 팬에 올리브유를 두르고 다진 마늘과 양파를 볶는다.

4. ③의 팬에 닭가슴살을 볶다가 손질한 단호박과 당근을 넣어 함께 볶는다.

5. 물과 카레가루를 넣고 중불에서 재료가 부드러워질 때까지 끓인다.

6. 그릇에 현미밥을 담고 위에 카레를 얹는다.

오리고기 월남쌈

월남쌈은 여러 가지 재료의 맛과 영양을 함께 즐길 수 있는 균형 잡힌 음식입니다. 혈관 건강에 좋은 오리고기와 아보카도, 세포 노화를 늦춰주는 당근과 파프리카 등의 채소를 넉넉히 넣어 든든하게 하루의 건강을 채워보세요.

통곡물	잎채소	채소	견과·씨앗	콩류	베리류	가금류	생선	올리브유
	✔	✔	✔			✔		✔

• 아보카도에는 올리브유의 주성분인 올레산이 풍부하게 들어 있습니다.

대체 함유

훈제 오리고기 60g
월남쌈 피 2장
양상추 20g
당근 20g
오이 20g
빨강 파프리카 20g
아보카도 1/4개 (40g)
깻잎 3장
땅콩소스 (저염) 1큰술

만들기

1. 당근, 오이, 파프리카는 깨끗이 씻어 물기를 제거한 후 가늘게 채 썬다.

2. 아보카도는 씨를 뺀 다음 0.5cm 징도 두께로 썰고, 양상추와 깻잎은 깨끗이 씻어 물기를 턴다.

3. 오리고기는 팬에 살짝 구워 기름기를 제거한다.

4. 월남쌈 피를 미지근한 물에 살짝 적셔 부드럽게 만든다.

5. 월남쌈 피에 아보카도, 오리고기, 양상추, 깻잎을 올리고 나머지 채소를 얹어 돌돌 만 다음 땅콩소스에 찍어 먹는다.

삼치 덮밥

잡곡밥에 삼치를 올리고 가지와 양파 같은 채소를 함께 곁들이면 노화에 대비한 든든한 한 끼가 됩니다. 삼치는 오메가-3 지방산과 비타민 D가 풍부해 뇌세포를 지키고 기억력과 집중력을 유지하는데 효과적이에요.

통곡물	잎채소	채소	견과·씨앗	콩류	베리류	가금류	생선	올리브유
✔		✔	✔				✔	✔

재료 (1인분)

잡곡밥 1/2공기
삼치 1토막 (150g)
가지 30g
양파 30g
당근 30g
대파 1/2개
저민 생강 5g
올리브유 2큰술
호두 1~2개 (5g)

간장소스

저염 간장 3큰술
맛술 2큰술
다진 마늘 1큰술
올리고당 1/2큰술
물 4큰술
후춧가루 조금

만들기

1. 삼치는 깨끗이 손질해서 토막을 낸 후 2~3번 칼집을 넣는다.

2. 가지는 길게 반 갈라 반달썰기 하고 양파와 당근은 채 썬다. 대파는 길이로 채 썰어 찬물에 담가 매운맛을 빼고, 호두는 으깬다.

3. 올리브유를 두른 팬에 생강과 삼치를 넣고 중불에서 앞뒤로 굽는다.

4. 재료를 분량대로 섞어 간장소스를 만든 후 ③의 팬에 절반을 덜어 넣고 약불로 줄여 간이 배도록 조린다.

5. 다른 팬에 올리브유를 두르고 손질한 가지, 양파, 당근을 굽는다.

6. 그릇에 잡곡밥을 담고 구운 채소와 삼치를 올린 후, 남은 간장소스를 고루 뿌리고 호두와 파채를 얹는다.

아보카도 소스 연어 스테이크

아보카도와 연어는 건강한 지방을 풍부하게 담고 있어 함께 곁들이기에 좋은 조합입니다. 아보카도의 불포화지방산과 연어의 오메가-3 지방산은 혈관과 뇌 건강에 이로운 역할을 하고, 두 재료의 부드러운 맛이 잘 어우러져 맛의 조화까지 만족스러워요.

통곡물	잎채소	채소	견과·씨앗	콩류	베리류	가금류	생선	올리브유
✔		✔					✔	✔

연어(스테이크 용) 120g
브로콜리 50g
올리브유 1작은술
소금·후춧가루 조금씩
통밀빵 100g

아보카도 소스
아보카도 50g
플레인 요거트(무가당) 1큰술
레몬즙 1작은술
다진 마늘 1/2작은술

만들기

1. 스테이크용 연어는 소금과 후춧가루로 밑간한다.

2. 브로콜리는 먹기 좋은 크기로 송이를 나눈 후 소금을 넣은 끓는 물에 1~ 2분 정도 살짝 데친다.

3. 올리브유를 두른 팬에 손질한 연어를 올려 속까지 익힌다. 이때 중불에서 타지 않도록 조리한다.

4. 잘 익은 아보카도를 준비해 씨를 빼고 과육만 으깬 다음 요거트, 레몬즙, 다진 마늘을 섞어 소스를 만든다.

5. 접시에 연어 스테이크를 담고 아보카도 소스를 끼얹은 후 통밀빵과 데친 브로콜리를 곁들인다.

들깨 닭죽

닭 육수에 버섯과 들깻가루를 넣어 뇌 건강과 면역력을 함께 챙기면서 소화에도 부담이 없는 보양식
입니다. 표고와 느타리버섯에는 뇌 기능과 혈관 건강에 이로운 항산화 성분이 풍부해 다양하게 활용
하면 좋아요.

통곡물	잎채소	채소	견과·씨앗	콩류	베리류	가금류	생선	올리브유
		✔	✔			✔	✓	✓
							대체 함유	대체 함유

· 들기름에는 생선을 통해 섭취 권장하는 오메가-3 지방산의 함량이 높습니다.
· 참기름은 다른 식물성 기름에 비해 올리브유 주성분인 올레산의 비율이 높습니다.

찹쌀 30g
표고버섯 30g
느타리버섯 30g
양파 30g
들깻가루 1큰술
참기름 1작은술
다진 마늘 1/2큰술
소금 조금

닭 육수
닭가슴살 60g
대파 (뿌리와 흰 대 부분) 5cm
양파 15g
통마늘 1쪽
생강 5g
맛술 또는 청주 1큰술
물 500mL

만들기

1. 500mL의 물에 닭가슴살과 향신 재료를 넣어 삶는다. 육수는 400mL를 남기고, 닭가슴살은 결대로 찢는다.
   └ 닭육수는 면보나 체에 걸러 맑은 국물을 준비한다.

2. 찹쌀은 2시간 이상 불린 다음 체에 받쳐 물기를 뺀다.

3. 표고버섯은 밑동을 제거한 후 모양을 살려 얇게 썰고, 느타리버섯은 결대로 찢는다. 양파는 다진다.

4. 냄비에 참기름을 두르고 다진 마늘과 양파, 버섯을 넣어 볶는다.

5. ④의 냄비에 찹쌀, 닭 육수, 찢은 닭가슴살을 넣고 약불에서 죽의 형태가 될 때까지 끓인다.

6. 들깻가루를 넣고 저어가며 5분간 더 끓인 후 소금으로 간을 맞춘다.

연어 아보카도 덮밥

따뜻한 현미밥 위에 연어와 아보카도, 오이를 올리고 상큼한 레몬 간장을 곁들여 먹는 한 그릇 요리입니다. 현미밥은 식이섬유가 풍부해 혈당 관리에 도움이 되고, 혈관·뇌·장 건강까지 폭넓게 챙길 수 있는 슈퍼푸드랍니다.

통곡물	잎채소	채소	견과·씨앗	콩류	베리류	가금류	생선	올리브유
✔		✔	✔				✔	✔

현미밥 120g
생연어 100g (또는 훈제 연어)
아보카도 1/4개 (50g)
오이 30g
양파 30g
김가루 (또는 채 썬 김) 5g
통깨 1작은술

양념장
저염 간장 1작은술
레몬즙 1작은술
올리브유 1작은술

만들기

1. 연어는 신선한 횟감용으로 준비한다.
   └ 훈제 연어를 사용할 때는 종이타월로 눌러 기름기를 닦는다.

2. 아보카도는 반 갈라 씨와 껍질을 제거하고 0.5cm 정도의 두께로 썬다.

3. 오이와 양파는 가늘게 채 썬다. 양파는 찬물에 담가 매운맛을 뺀다.

4. 간장, 레몬즙, 올리브유를 섞어 양념장을 만든다.

5. 그릇에 현미밥을 담고 채소와 연어, 아보카도를 올린다.

6. 그 위에 김가루와 통깨를 뿌리고 양념장을 곁들인다.

블루베리 오트밀

달걀을 넣어 부드럽게 끓인 오트밀 죽에 바나나와 블루베리, 다진 호두를 곁들여 맛을 낸 간편한 한 그릇 요리입니다. 재료 자체가 건강한 느낌을 주는 오트밀은 수용성 식이섬유가 풍부해 혈관 건강에 도움이 돼요.

통곡물	잎채소	채소	견과·씨앗	콩류	베리류	가금류	생선	올리브유
✔		✔	✔		✔			✔

재료 (1인분)

당근 15g
블루베리 1/4 컵(30g)
달걀 1/2개
바나나 1/2개
다진 마늘 1/2큰술
오트밀 1/2컵
물 1컵
다진 호두 1큰술
올리브유·계핏가루 조금씩
꿀 또는 메이플시럽 1작은술

만들기

1. 당근은 씻어서 잘게 다지고, 바나나는 0.5cm 정도의 두께로 썬다. 달걀은 풀어둔다.

2. 블루베리는 씻어 물기를 제거한다.

3. 냄비에 올리브유를 두르고 다진 당근과 다진 마늘을 볶는다.

4. ③의 냄비에 물 1컵과 오트밀을 넣고 중약불에서 5~10분간 저어가며 끓인다.

5. ④에 푼 달걀을 흘려 붓고 익을 때까지 젓는다.

6. 오트밀 죽을 그릇에 담고 바나나, 다진 호두, 블루베리, 계핏가루를 올린다. 기호에 따라 메이플시럽 또는 꿀을 뿌린다.

훈제 오리 메밀 냉채

오리고기에는 인지기능 향상에 좋은 올레산이 풍부하고, 메밀에는 뇌혈관을 보호하는 루틴이 풍부하게 들어 있어요. 새콤달콤하면서 톡 쏘는 맛이 나는 겨자 소스가 어우러져 입맛을 살려주는 영양 만점 냉채입니다.

통곡물	잎채소	채소	견과·씨앗	콩류	베리류	가금류	생선	올리브유
✔	✔	✔	✔			✔		✔

• 참기름은 다른 식물성 기름에 비해 올리브유 주성분인 올레산의 비율이 높습니다.

대체 함유

메밀면 80g
훈제 오리 100g
(또는 구운 오리 가슴살)
오이 50g
적양파 40g
실파 조금
무순 조금
검은깨 조금

유자 간장 소스
연겨자 1/2큰술
설탕 또는 올리고당 1큰술
식초 1큰슬
간장 1/2큰술
다진 마늘 1/2작은술
물 또는 다시마 우린 물 1큰술
유자청 또는 레몬즙 1/2큰술
참기름 조금

만들기

1. 훈제 오리는 팬에 기름 없이 구워 겉면을 노릇하게 익힌 후 종이타월로 기름을 닦고 한 김 식혀둔다.
2. 오이는 반 갈라 씨 부분을 도려내고 어슷하게 썬 뒤 소금을 뿌려 살짝 절이고 물기를 꼭 짠다. 적양파는 가늘게 채 썰어 찬물에 담가 매운맛을 뺀다.
3. 무순은 씻어 물기를 빼고, 실파는 송송 썬다.
4. 분량의 재료를 잘 섞어 냉채 소스를 만든 후 냉장고에 넣어 차갑게 준비한다.
5. 메밀면은 끓는 물에 3~4분 삶은 후 찬물에 여러 번 헹궈 전분기를 제거하고 체에 밭쳐 물기를 뺀다.
6. 훈제 오리, 채소, 메밀면을 냉채 소스와 함께 가볍게 버무린 후 접시에 담고 무순과 검은깨를 올린다.
   └ 냉장고에 차갑게 두었다가 먹기 직전에 꺼내서 버무린다.

닭가슴살 아보카도 랩

올레산이 풍부한 아보카도는 뇌와 혈관 건강에 도움이 되는 식품으로 우리 식탁에서도 널리 활용되고 있어요. 으깬 아보카도에 요거트와 레몬즙, 후춧가루를 더해 만든 소스는 채소나 과일과 의외로 잘 어울리고, 샌드위치나 또띠야에 바르는 스프레드로도 손색없는 건강 아이템이에요.

통곡물	잎채소	채소	견과·씨앗	콩류	베리류	가금류	생선	올리브유
✔	✔	✔				✔		✓

• 아보카도에는 올리브유의 주성분인 올레산이 풍부하게 들어 있습니다.

대체 함유

통밀 또띠야 1장
닭가슴살 60g
양상추 20g
파프리카 20g
오이 20g

아보카도 소스
아보카도 1/4개 (30g)
그릭 요거트 (무가당) 1큰술
레몬즙 1작은술
후춧가루 조금

만들기

1. 아보카도는 씨와 껍질을 제거하고 과육만 으깬 뒤 요거트, 레몬즙, 후춧가루를 섞어 아보카도 소스를 만든다.

2. 닭가슴살은 삶아서 먹기 좋게 결대로 찢어둔다.

3. 오이, 파프리카, 양상추는 씻어 물기를 제거한 다음 가늘게 채 썬다.

4. 또띠야에 아보카도 소스를 바르고 손질한 닭가슴살과 채 썬 채소를 올린 후 돌돌 말아 감싼다.

5. 먹기 좋게 반으로 잘라 접시에 담는다.

병아리콩 ACT 샌드위치

통밀빵은 식이섬유가 풍부해 장 건강과 인지기능을 지키는 데 도움이 되는 식재료입니다. 통밀빵에
아보카도·오이·토마토(ACT; Avocado, Cucumber, Tomato)를 더해 샌드위치를 만들면 영양이 잘
갖춰진 든든한 한 끼로 즐길 수 있어요.

통곡물	잎채소	채소	견과·씨앗	콩류	베리류	가금류	생선	올리브유
✔	✔	✔	✔	✔				✓

• 아보카도에는 올리브유의 주성분인 올레산이 풍부하게 들어 있습니다.

대체 함유

통밀식빵 2장
토마토 30g
아보카도 1/8개 (20g)
오이 20g
치커리 20g
다진 호두 5g

병아리콩 스프레드
병아리콩 20g
플레인 요거트 1큰술
레몬즙 1작은술
후춧가루 조금

만들기

1. 병아리콩은 충분히 불린 후 냄비에 물을 넉넉히 붓고 40~50분간 부드럽게 삶아 한 김 식혀서 으깬다.
   └ 포크나 숟가락으로 으깨면 편리하다.

2. 으깬 병아리콩에 요거트, 레몬즙, 후춧가루를 섞어 스프레드를 만든다.

3. 토마토는 0.5cm 정도의 두께로 썰고, 아보카도는 반 갈라 씨를 제거한 다음 얇게 썬다.

4. 오이는 반 갈라 치커리는 물에 깨끗이 씻은 뒤 물기를 뺀다. 호두는 먹기 좋게 다진다.

5. 식빵 한 장에 병아리콩 스프레드를 두껍게 바르고 아보카도, 채소, 다진 호두를 올린 다음 다른 한 장의 식빵으로 덮는다.
   └ 다진 호두는 스프레드에 섞어도 좋다.

가든 통밀 파스타

통밀로 만든 파스타는 식이섬유가 풍부해 장을 건강하게 유지하는 데 도움이 되고, 염증 반응 줄여 뇌신경 세포의 손상을 예방하는 효과가 있어요. 뇌에 에너지가 서서히 공급되기 때문에 인지기능 저하를 막는 데도 도움이 됩니다.

통곡물	잎채소	채소	견과·씨앗	콩류	베리류	가금류	생선	올리브유
✔	✔	✔						✔

만들기

1. 끓는 물에 소금을 조금 넣고 통밀 파스타를 삶아 건진다.
2. 가지와 주키니호박은 먹기 좋은 크기로 깍둑썰기한다.
3. 방울토마토는 씻은 후 반으로 썰고, 양파는 가늘게 채 썬다.
4. 팬에 올리브유를 두르고 다진 마늘, 양파, 가지, 호박을 넣어 볶는다.
5. ④의 팬에 토마토와 토마토소스를 넣고 좀 더 볶은 후 삶은 파스타를 넣어 함께 버무린다.
6. 바질과 후춧가루로 마무리하고, 기호에 따라 파르메산 치즈가루를 조금 뿌린다.

고등어 가지 덮밥

고등어는 오메가-3 지방산이 풍부한 대표적인 등푸른 생선이에요. 오메가-3 지방산은 뇌 세포가 손
상되는 것을 막고, 신경세포 간 신호 전달이 원활하도록 도와 시냅스 기능을 강화합니다. 이러한 작
용은 인지기능을 유지하는 데 긍정적인 역할을 해요.

통곡물	잎채소	채소	견과·씨앗	콩류	베리류	가금류	생선	올리브유
✔		✔	✔	✔			✔	✔

현미밥 또는 귀리밥 120g
두부 100g
가지 60g
양파 30g
파프리카 30g
대파 조금
올리브유 2큰술
고등어 85g
맛술 조금

양념장

저염 간장 1큰술
고추장 1/2작은술 (기호에 따라)
다진 마늘 1/2작은술
매실액 (또는 꿀) · 현미식초 1작은술씩
물 2큰술
통깨 조금

만들기

1. 두부는 깍둑썰기 한 다음 물기를 제거하고 올리브유를 두른 팬에 노릇하게 굽는다.

2. 가지는 반달썰기 한 다음 소금을 조금 뿌려 물기를 제거하고 올리브유를 두른 팬에 살짝 볶는다.

3. 깨끗이 씻은 양파와 파프리카, 대파는 모두 채 썰어 올리브유를 두른 팬에 볶는다.

4. ③의 팬에 구운 가지과 두부를 넣고 양념장을 고루 뿌려주면서 볶는다.
   └ 양념장은 미리 섞어서 준비한다.

5. 고등어는 비린내 제거를 위해 레몬즙 또는 맛술을 뿌려 5분 정도 재운 뒤 팬에 굽는다.

6. 현미밥 위에 ④의 볶은 재료를 올리고 들깻가루를 뿌린 후 한쪽에 구운 고등어를 올린다.

채소 보리 비빔밥

보리에는 혈당을 안정적으로 유지하고 혈관과 뇌 혈류를 돕는 베타글루칸이 풍부해요. 베타글루칸
은 수용성 식이섬유의 한 종류로 천천히 소화되어 오래도록 포만감을 유지할 수 있게 해줘요. 뇌 건
강은 물론 다이어트에도 좋은 든든한 한 그릇입니다.

통곡물	잎채소	채소	견과·씨앗	콩류	베리류	가금류	생선	올리브유
✔	✔	✔	✔				✓	

• 들기름과 들깻가루에는 생선을 통해 섭취 권장하는 오메가-3 지방산 함량이 높습니다.　　　　대체 함유

재료 (1인분)

보리밥 120g
시금치 120g
당근 20g
애호박 30g
표고버섯 40g
달걀 1개
들기름 1작은술
통깨 1작은술

양념장
저염 간장 1½큰술
다진 대파 1큰술
다진 마늘 1/3작은술
들기름 1작은술
깨소금 1작은술
고춧가루 조금 (기호에 따라)

만들기

1. 시금치는 데쳐서 물기를 꼭 짠 다음 먹기 좋은 크기로 썬다.

2. 당근과 애호박은 채 썬 다음 각각 팬에 볶거나 살짝 데친다.

3. 표고버섯은 밑동을 제거하고 얇게 썬 다음 기름 없이 살짝 볶아 풍미를 살린다. 달걀은 삶거나 부친다.

4. 분량의 재료를 모두 섞어 양념장을 만든다. 양념장은 미리 만들어두면 맛이 더 깊어진다.

5. 그릇에 보리밥을 담고 위에 채소와 버섯, 삶은 달걀을 올린다.

6. 들기름과 통깨를 뿌려 마무리하고 양념장을 곁들여 비벼 먹는다.

시래기 강된장 비빔밥

무청을 말려 만든 시래기는 식이섬유를 비롯해 각종 비타민, 미네랄이 가득 담긴 식재료입니다. 말린
채소지만 베타카로틴과 칼륨 같은 영양소가 잘 보존되어 뇌세포를 건강하게 지키는 데 도움이 돼요.

통곡물	잎채소	채소	견과·씨앗	콩류	베리류	가금류	생선	올리브유
✔	✔	✔	✔	✔			✔	

• 들기름과 들깻가루에는 생선을 통해 섭취 권장하는 오메가-3 지방산 함량이 높습니다.　　　　대체 함유

잡곡밥 120g
시래기 25g
느타리버섯 또는 표고버섯 20g
부추 30g
대파 20g
양파 30g
두부 100g
들기름 1작은술
통깨 1작은술

강된장 양념장
된장 1/2큰술
저염 간장 1작은술
다진 마늘 1/2작은술
매실액 또는 꿀 1작은술
들기름 1작은술
물 2~3큰술
다진 땅콩 1/2큰술

만들기

1. 시래기는 부드럽게 삶아 물기를 꼭 짠 다음 잘게 썬다. 버섯은 잘게 찢거나 길게 썰고, 대파와 부추는 송송 썰고, 양파는 채 썬다.

2. 두부는 으깬 다음 마른 팬에 볶아 수분을 살짝 날린다.

3. 분량의 재료를 고루 섞어 강된장 양념장을 만든다.

4. 팬에 들기름을 두르고 양파, 대파를 볶다가 버섯을 넣어 함께 볶는다.

5. ④의 팬에 강된장 양념장을 넣은 다음 시래기와 으깬 두부를 넣고 약불에서 조리듯 익힌다. 이때 추가로 물을 넣어 강된장의 농도를 조절한다. 마지막에 부추를 넣어 숨이 죽을 정도만 살짝 익힌다.

6. 잡곡밥 위에 강된장을 얹고 통깨를 뿌린다. 기호에 따라 달걀 반숙을 추가해도 좋다.

훈제 오리 부추 덮밥

오리고기는 필수 아미노산이 풍부해 뇌 건강을 지키는 데 도움이 돼요. 여기에 부추와 깻잎 같은 향미 채소를 더해 신선하면서도 영양의 균형을 갖춘 한 끼를 완성했어요. 단백질과 비타민, 미네랄이 한 그릇에서 고르게 어우러져 건강한 식사로 즐기기 좋아요.

통곡물	잎채소	채소	견과·씨앗	콩류	베리류	가금류	생선	올리브유
✔	✔	✔	✔			✔	✔	

• 들기름과 들깻가루에는 생선을 통해 섭취 권장하는 오메가-3 지방산 함량이 높습니다.　　대체 함유

현미밥 120g
훈제 오리 60g
부추 30g
깻잎 3장
양파 30g
달걀 1개
김가루 조금
통깨 1작은술

간장 양념
저염 간장 1큰술
다진 마늘 1/2큰술
매실액 또는 꿀 1작은술
들기름 1작은술
생강즙 또는 생강가루 조금씩
물 1큰술
다진 땅콩 또는 다진 호두 1/2큰술

만들기

1. 마른 팬에 훈제 오리를 구운 후 종이타월로 기름기를 제거한다.

2. 부추는 먹기 좋은 길이로 썰고, 깻잎은 가늘게 채 썬다.

3. 양파는 채 썰어 찬물에 5분 정도 담가 매운맛을 뺀 후 물기를 제거한다.

4. 분량의 재료를 섞어 간장 양념장을 만든다.

5. 잡곡밥 위에 오리고기와 손질한 채소를 보기 좋게 얹고, 김가루와 통깨를 뿌린다. 기호에 따라 반숙으로 삶은 달걀을 올린다.

6. 양념장을 곁들여 비벼 먹는다.

토마토 채소 수프

토마토와 당근에는 리코펜과 베타카로틴 같은 강력한 항산화 성분이 풍부해요. 이들 성분은 세포 손상을 막아 뇌를 건강하게 유지하는 데 도움을 줍니다. 건강한 음식으로 일상 속에서 뇌 건강을 자연스럽게 관리해보세요.

통곡물	잎채소	채소	견과·씨앗	콩류	베리류	가금류	생선	올리브유
✔	✔	✔	✔	✔				✔

재료 (1인분)

토마토 1개 (200g)
양파 50g
당근 30g
파프리카 30g
버섯 40g
물 (또는 채소 육수) 300 mL
고형 치킨스톡 (저염) 1개
올리브유 3큰술
소금 조금
후춧가루 조금
아몬드 슬라이스 조금

통밀빵 1쪽

만들기

1. 토마토 윗부분에 십자 칼집을 넣고 끓는 물에 10초 정도 담갔다가 찬물에 넣어 껍질을 벗긴다.

2. 양파, 당근, 파프리카, 버섯을 모두 깍뚝썰기 한 다음 올리브유를 두른 팬에 함께 볶는다.

3. 강낭콩은 충분히 불려 끓는 물에 한 번 데친 다음, 냄비에 새 물을 붓고 속까지 익도록 푹 삶는다.

4. 토마토와 익힌 채소, 강낭콩을 냄비에 담고 물과 치킨스톡을 넣은 뒤 약불에서 20~25분 정도 푹 끓인다.
   └ 셀러리를 더하면 특유의 풍미가 한층 살아나 수프의 맛이 더욱 풍부해져요.

5. 소금, 후춧가루로 간한 뒤 그릇에 담고 아몬드 슬라이스를 뿌려서 구운 통밀빵과 함께 낸다.
   └ 익힌 재료를 모두 함께 핸드블렌더로 곱게 갈아도 좋다.

연어 오픈 샌드위치

연어에 아보카도를 곁들이면 단백질과 불포화지방산, 비타민, 미네랄 등 다양한 영양소를 균형 있게 섭취할 수 있어요. 두 식품 모두 건강한 지방이 풍부해, 함께 섭취하면 뇌와 혈관 건강에 더 안정적인 시너지 효과를 냅니다.

통곡물	잎채소	채소	견과·씨앗	콩류	베리류	가금류	생선	올리브유
✔	✔	✔	✔				✔	✔

통곡물빵 1쪽
훈제 연어 슬라이스 40g
아보카도 1/3개 (50g)
오이 20g
방울토마토 2개
적양파 조금
어린잎채소 (또는 루콜라) 한 줌
올리브오일 1작은술
케이퍼 또는 딜 조금
레몬즙 조금
통후춧가루 조금

만들기

1. 빵은 바삭하게 구워 준비한다.

2. 아보카도는 씨를 제거하고 과육만 포크로 으깬 다음 레몬즙, 소금으로 간해 스프레드 형태로 만든다.

3. 오이와 방울토마토, 적양파는 씻어 물기를 제거한 다음 얇게 썬다. 어린잎채소는 씻어 물기를 뺀다.

4. 구운 빵 위에 아보카도 스프레드를 펴 바른 다음 오이, 토마토, 양파, 어린잎채소를 올린다.

5. 그 위에 훈제 연어를 보기 좋게 올리고 케이퍼 또는 딜을 곁들인다.

6. 마지막으로 올리브유와 레몬즙, 통후춧가루를 뿌린다.

베리 오픈 샌드위치

부드럽게 으깬 연두부에 레몬즙과 꿀을 더해 스프레드를 만들어 빵에 발라 먹는 샌드위치입니다.
식이섬유가 풍부한 통곡물빵에 연두부 스프레드와 블루베리, 딸기 등의 과일을 올려 담백하면서도
건강하게 즐길 수 있어요.

통곡물	잎채소	채소	견과·씨앗	콩류	베리류	가금류	생선	올리브유
✔			✔	✔	✔			

재료(1인분)

통곡물빵 1장
(또는 귀리식빵이나 통밀사워도우)
생블루베리 1/4컵(30g)
딸기 2~3개
연두부 2큰술
슬라이스 아몬드(또는 으깬 호두) 1큰술
치아씨드 또는 아마씨 1작은술
시나몬 가루 조금

만들기

1. 빵을 살짝 구워 준비한다.

2. 블루베리와 딸기는 씻은 후 체에 밭쳐 물기를 빼둔다. 딸기는 얇게 썬다.

3. 연두부는 부드럽게 으깬 다음 기호에 따라 약간의 레몬즙과 꿀을 넣어 스프레드를 만든다.

4. 구운 빵 위에 연두부 스프레드를 펴 바른 다음 블루베리와 딸기 슬라이스를 고르게 올린다.

5. ④에 아몬드나 호두, 치아씨드 등 견과류와 씨앗류를 뿌린다.

6. 기호에 따라 시나몬 가루를 뿌려 향을 더한다.

Q1. 영양 성분표, 어떻게 봐야 건강한 제품을 고를 수 있나요?

가공식품을 선택할 때 영양 성분표는 제품의 '건강 지수'를 가장 객관적으로 판단할 수 있는 지표입니다. 하지만 작은 글씨와 낯선 용어 때문에 무엇을 먼저 봐야 할지 어려워하는 경우가 많습니다. 기본적으로 1회 제공량, 열량(칼로리), 당류, 지방, 나트륨 등 5가지를 꼭 확인하세요.

① 1회 제공량 – 기준을 먼저 확인하세요

영양 성분표를 읽는 출발점은 항상 '1회 제공량(serving size)'입니다. 실제 섭취량이 이보다 훨씬 많아 오해가 생기기 쉽습니다. 포장 과자나 음료처럼 '1봉 전체 기준인지, 일부 기준인지'를 먼저 확인해야 합니다. 예를 들어 1봉지 50g 제품인데 1회 제공량이 25g으로 표시되어 있다면, 실제로 먹는 양이 성분표 수치의 2배가 된다는 뜻입니다.

② kcal / 열량 – 전체 양보다 '칼로리 밀도'를 확인하세요

칼로리 숫자만 보고 고열량·저열량을 판단하기 쉽지만, 더 중요한 것은 '칼로리 밀도'입니다. 칼로리 밀도란 '같은 양(혹은 같은 무게)의 음식이 얼마나 높은 칼로리를 포함하고 있는지'를 의미합니다. 예를 들어 고구마 과자 100g은 약 500kcal, 삶은 고구마 100g은 약 90kcal입니다. 무게는 같지만 칼로리 밀도는 과자가 훨씬 높습니다. 반대로 포만감은 삶은 고구마가 더 높고 열량 부담도 적습니다. 일반적으로 간식류는 1회 제공량 약 200kcal 이하, 식사용 제품은 1회 제공량 약 400~700kcal가 적당합니다.

③ 당류 – '총 당류'와 '첨가당'은 구별해야 합니다

우리나라 영양 성분표에는 총 당류만 표시되므로, 과일에서 온 자연당인지 설탕·시럽 등 첨가당인지 구분하기 어렵습니다. 성인 기준 첨가당 1일 권장량은 25g 이하이며, 음료는 1회 제공량 당류 10g 이상이면 고당류 제품으로 볼 수 있습니다. 성분표 앞부분에 액상과당, 고과당 옥수수 시럽, 설탕, 물엿, 맥아당, 과일 농축액 등이 보이면 첨가당 비중이 크다는 의미입니다.

④ 지방 – 총량만 보지 말고 어떤 지방인가를 보세요

지방 자체는 나쁜 것이 아니며, 어떤 종류의 지방이 들어 있는지가 건강에 더 중요합니다. 총지방 함량이 적어도 올리브유나 견과류 기반 제품이라면 불포화지방산이 중심일 가능성이 높아 비교적 건강한 선택일 수 있습니다. 반면 총지방이 적어 보여도 포화지방산 비중이 높으면 혈관 건강에 좋지 않습니다. 총지방과 포화지방을 함께 확인해야 합니다.

⑤ 나트륨 – 실제 섭취량은 숨겨져 있는 경우가 많아요

나트륨은 가공식품에서 의외로 많은 양을 차지합니다. '1일 권장 섭취량은 2,000mg 이하(소금 약 5g)'입니다. '저나트륨'이라는 문구가 있어도 1회 제공량을 과도하게 적게 설정한 경우 실제 섭취량은 훨씬 높아질 수 있습니다. 단맛이 강한 과자나 스낵도 바삭한 식감을 위해 나트륨이 많이 들어가는 경우가 있어, 짠맛이 느껴지지 않더라도 혈압과 신장에 부담이 될 수 있습니다. 반드시 성분표를 기준으로 확인하세요.

Q2. '무설탕', '무첨가당', '무가당'은 어떻게 다른가요? 진짜 저당 식품을 고르는 방법을 알려주세요.

'무설탕', '무첨가당', '무가당'은 모두 설탕이 없는 것처럼 들리지만, 식품 라벨에서 이 표현들은 서로 다른 의미를 갖습니다. 법적 기준도 다르고, 실제 섭취 시 주의해야 할 점도 각각 다릅니다.

'무설탕'은 설탕을 전혀 넣지 않았다는 뜻입니다. 그러나 설탕만 없을 뿐 단맛을 내는 포도당, 과당, 올리고당, 과일 농축액 같은 다른 형태의 당류는 포함될 수 있습니다. 주로 다이어트 음료나 제로 음료에서 많이 사용하는 방식입니다.

'무첨가당'은 제조 과정에서 당을 추가하지 않았다는 의미입니다. 하지만 과일이나 우유처럼 원재료 자체에 들어 있는 당은 그대로 존재합니다. 또한 스테비아나 에리스리톨처럼 칼로리가 거의 없거나 당으로 분류되지 않는 감미료는 사용이 가능해, 단맛은 나지만 '무첨가당'으로 표시될 수 있습니다.

'무가당'은 설탕뿐 아니라 어떠한 형태의 단맛 성분이나 당류도 추가하지 않았다는 의미입니다. 예를 들어 과일주스에 '무가당 100%'라고 표시되어 있다면 과일이 지닌 자연당만 포함된 제품이라는 의미입니다.

저당 식품을 고르고 싶다면 영양 성분표의 '총당류(g)'를 먼저 확인해야 합니다. 총당류는 식품에 자연적으로 들어 있는 당과 제조 과정에서 더해진 첨가당을 모두 합한 수치를 말합니다. 예를 들어 총당류 18g은 각설탕 약 6개에 해당하는 양입니다. 참고로 WHO는 첨가당 섭취를 하루 25g 이하로 제한할 것을 권고하고 있습니다. 따라서 제품을 선택할 때는 총당류가 5g 이하인지, 원재료명에 첨가당이 포함되어 있는지, 그리고 1회 제공량이 실제 섭취량보다 지나치게 적게 설정되어 있지 않은지를 함께 살펴보는 것이 중요합니다. 이 세 가지 기준만 지켜도 건강한 저당 식품을 훨씬 더 정확하게 선택할 수 있습니다.

Q3. 간식으로 견과류, 말린 과일, 그래놀라를 즐기는데, 당류와 첨가당은 어떻게 확인해야 할까요?

견과류, 말린 과일, 그래놀라는 모두 건강한 간식으로 볼 수 있지만, 당류와 첨가당 여부를 꼼꼼히 확인하는 것이 중요합니다.

견과류는 기본적으로 당이 거의 없기 때문에, 성분표에 설탕, 시럽, 조청, 꿀 등이 들어 있는지 확인해야 합니다. 원재료명이 '아몬드 100%', '무염·무가당'으로 표시된 제품은 당류가 거의 없지만, 코팅 아몬드나 허니 버터, 캐러멜 코팅 제품은 첨가당이 포함되어 있습니다. 무가당 아몬드 제품은 100g당 당류가 보통 4g 이하로 매우 낮은 편입니다. 제품 겉면에 '구운 아몬드'라고만 적혀 있어도 설탕이나 시럽이 들어갈 수 있으므로, 성분표를 확인하는 것이 안전합니다.

말린 과일은 수분이 빠지면서 자연당이 농축되기기 때문에 기본적으로 당류가 높습니다. 여기에 설탕이나 시럽을 추가한 제품도 많아, 원재료명에 '무가당' 또는 '100% 과일'이 표시되어 있는지, 설탕·포도당·시럽 등 첨가물이 있는지를 확인해야 합니다. 영양 성분표에서 당류(g)를 확인하고, 1회 제공량 대비 실제 섭취량을 비교하는 것이 중요합니다.

그래놀라는 곡물, 시럽, 건과일 등이 함께 들어가면서 당류가 쉽게 높아질 수 있습니다. 성분표 윗부분에 설탕·올리고당·시럽·꿀 등이 표시되어 있는지 확인하고, 건과일 함량과 1회 제공량 대비 실제 섭취량도 함께 살펴보세요. 저당 제품은 보통 1회 제공량 기준 당류가 6g 이하이지만, 일반 그래놀라는 10~15g, 가당 건과일이 포함된 제품은 15~20g 이상인 경우가 많습니다.

결국 제품을 선택할 때는 성분표와 영양성분표를 함께 확인하고, 1회 제공량과 실제 섭취량을 비교해 판단하는 것이 가장 안전하고 건강하게 즐길 수 있는 방법입니다.

Q4. 엑스트라 버진 올리브오일은 어떻게 구별하나요?

엑스트라 버진 올리브오일(EVOO)은 올리브오일 중에서도 품질이 가장 높은 등급입니다. 하지만 시장에서는 품질이 낮은 오일이 '엑스트라 버진' 이름을 사용하거나, 다른 오일을 섞은 제품도 있습니다. 따라서 라벨과 외관만으로도 구별하는 법을 알아두는 것이 필요합니다.

라벨의 표시 문구
엑스트라 버진 올리브오일은 산도 0.8% 이하일 때만 인정되므로, 먼저 산도 표시를 확인하세요. 또한 라벨에 '저온 압착(Cold-Pressed)' 표기가 있으면 향과 영양 성분이 잘 보존된 제품입니다. '100% 올리브오일' 문구가 있다면 다른 오일이 섞이지 않은 순수 제품이므로 신뢰할 수 있는 선택 기준이 됩니다.

원산지·수확·병입 정보, 유통기한
원산지가 하나의 국가나 특정 지역(예: '이탈리아산', '스페인산', '토스카나 지역')으로 명확히 표시되고, 수확 연도(Harvest Year)와 병입일이 라벨에 기재된 제품일수록 신선도가 높습니다. 또한 유통기한을 확인해 남은 기간이 1년 이상인 제품을 선택하는 것이 좋습니다.

포장 상태
올리브오일은 빛과 열에 약하므로, 짙은 녹색이나 갈색처럼 어두운 색 병에 담긴 제품을 선택하는 것이 좋습니다.

맛과 향
신선한 올리브오일은 향이 진하며, 입에 넣으면 약간의 쓴맛과 매운맛이 느껴집니다. 올리브오일 한 티스푼을 10초 정도 입안에 머금어 보세요. 뒤쪽 목에서 후춧가루처럼 살짝 톡 쏘는 화끈함이 느껴진다면 신선하고 품질이 좋은 오일일 가능성이 높습니다.

Q5. 식품첨가물이 정확히 무엇인가요? 이런 첨가물이 들어간 식품을 먹으면 정말 건강에 해롭나요?

우리가 매일 먹는 가공식품에는 항산화제, 방부제, 감미료, 착색료처럼 맛과 향, 색, 질감, 보존을 위해 소량의 물질이 첨가됩니다. 이처럼 식품의 품질을 유지하고 제조·보관을 편리하게 하기 위해 넣는 물질을 식품첨가물이라고 합니다. 첨가물의 목적은 식품을 더 오래 보관하고, 맛과 향을 안정적으로 유지하며, 색이 변하는 것을 막고, 가공이나 유통 과정에서 품질을 유지하는 데 있습니다. 모든 첨가물이 위험한 것은 아니지만, 특정 성분에 민감한 체질이나 알레르기를 가진 사람은 주의가 필요하며, 가공식품을 지나치게 많이 섭취할 경우 건강에 부담이 될 수 있습니다. 가급적 자연식품 중심으로 식단을 구성하고, 첨가물의 종류와 섭취 빈도를 관리하는 것이 안전한 접근입니다.

첨가물이 들어갔다고 해서 무조건 건강에 해롭거나 피해야 하는 것은 아닙니다. 천연 첨가물은 과일, 채소, 견과류 등에서 추출해 상대적으로 안전합니다. 합성 첨가물은 소량으로도 강력한 효과가 있고 보존성이 우수해요. 다만 장기·과다 섭취 시 건강에 영향을 줄 수 있습니다. 따라서 중요한 것은 종류, 용량, 섭취 빈도를 확인하고 균형 있게 관리하는 것입니다.

Q6. 그렇다면 천연 첨가물과 합성 첨가물은 어떻게 구별하나요?

천연 첨가물과 합성 첨가물은 성분명을 보면 비교적 쉽게 구별할 수 있습니다. 천연 첨가물은 비타민 C, 비타민 E, 로즈마리 추출물, 카로티노이드처럼 자연에서 얻은 성분이 이름 그대로 표시되는 경우가 많습니다. 반면 합성 첨가물은 BHA, BHT, TBHQ처럼 화학적 명칭이나 약어로 표기되며, 합성 색소·합성 감미료도 이러한 범주에 포함됩니다. 성분표는 앞쪽에 적힌 성분일수록 함량이 많다는 원칙을 따르므로, 표기 순서를 살펴보면 어떤 첨가물이 얼마나 사용되었는지, 그리고 방부, 항산화, 감미, 착색 등 어떤 목적을 위해 들어갔는지 파악할 수 있어 보다 안전한 선택에 도움이 됩니다.

Q7. 방부제를 사용하지 않고도 유통기한이 긴 제품이 있던데, 어떻게 가능한가요?

멸균 우유, 즉석밥, 멸균 소스처럼 고온 살균이나 멸균 포장, 진공 포장, 산도 조절 등의 방법을 적용하면 미생물이 자라기 어려운 환경이 만들어져 방부제를 넣지 않아도 장기간 보관이 가능합니다. 다만 오래 저장된 제품은 맛과 영양이 떨어질 수 있고, 개봉 후에는 보관 기간이 짧아지므로 빠르게 섭취하는 것이 안전합니다.

Q8. '유기농', '무농약' 등의 친환경 제품은 일반 제품보다 더 안전한가요?

많은 사람들은 친환경 제품이 더 건강하고 안전하다고 생각하지만, 이는 일부만 사실입니다. 장점이 분명히 존재하지만 기대가 과도하게 커지는 경우도 있습니다.

잔류 농약은 실제로 줄어들어요. 유기농·무농약 식품은 농약과 화학비료 사용이 제한되기 때문에 잔류 농약 노출을 줄이는 데 도움이 됩니다. 특히 잎채소나 딸기, 포도처럼 껍질이 얇거나 통째로 섭취하는 신선 식품은 그 차이가 더 뚜렷해 비교적 안전하게 먹을 수 있습니다. 다만 방부제와 살균제 사용이 제한되다 보니 일반 제품보다 상하기 쉬워 보관과 위생 관리가 더 중요합니다.

영양 면에서 항상 '더 좋은 것'은 아닙니다. 유기농 식품이라고 해서 비타민이나 미네랄 함량이 높다는 보장은 없고, 항산화 성분이 일부 품목에서만 상대적으로 높은 수준을 보이는 정도입니다. 즉, '잔류 농약 감소'는 비교적 명확한 장점이지만, '영양이 더 좋다'고 일반화하기 어렵습니다.

유기농 가공식품이 더 건강한 식품은 아니에요. '유기농 설탕', '유기농 오일', '유기농 소금'을 사용하면 인증 기준을 충족할 수 있지만, 성분 자체가 유기농이라고 해서 건강식이 되는 것은 아닙니다. 유기농 쿠키나 유기농 과자는 일반 제품과 당·지방·칼로리가 거의 같고, 경우에 따라 더 높을 수도 있습니다. 또한 가공 과정에서는 허용된 천연 추출물이나 유기농 첨가물이 사용될 수 있으므로 친환경 제품이라고 해서 첨가물이 전혀 없는 것은 아닙니다. 결국 제품의 안전성과 건강성을 판단하려면 성분표와 영양 성분표를 확인하는 습관이 필수입니다.

뇌 건강을 지키는 식사

마인드 식단

지은이 | 오상석 성미경 박미영 성동은
감수 | 백현욱

사진 | 최해성
요리 | 이지은
어시스트 | 지선아

책임 편집 | 송미라
디자인 | 한송이
마케팅 | 신용천 추미경 안효원

인쇄 | 금강인쇄

초판 인쇄 | 2025년 12월 15일
초판 발행 | 2025년 12월 22일

펴낸이 | 이진희
펴낸곳 | (주)리스컴

주소 | 서울시 강남구 테헤란로87길 22, 7층(삼성동, 한국도심공항)
전화번호 | 대표번호 02-540-5192
　　　　　　 편집부 02-544-5194
FAX | 0504-479-4222
등록번호 | 제2-3348

이 책은 저작권법에 의하여 보호를 받는 저작물이므로
이 책에 실린 사진과 글의 무단 전재 및 복제를 금합니다.
잘못된 책은 바꾸어 드립니다.

ISBN 979-11-5616-328-2 13590
책값은 뒤표지에 있습니다.

이 책은 (재)오뚜기함태호재단의 연구 및 출판 지원 사업으로 발간되었습니다.